苏州市城市绿化
适生植物应用

Application of suitable plants
for urban greening in Suzhou

陆浩民 周婷婷 | 主 编

苏州新闻出版集团
古吴轩出版社

图书在版编目（CIP）数据

苏州市城市绿化适生植物应用 / 陆浩民, 周婷婷主编. -- 苏州 : 古吴轩出版社, 2024.4

ISBN 978-7-5546-2295-7

Ⅰ. ①苏… Ⅱ. ①陆… ②周… Ⅲ. ①城市 – 绿化 – 园林植物 – 研究 – 苏州 Ⅳ. ①S731.2

中国国家版本馆CIP数据核字(2024)第041459号

责任编辑：鲁林林
见习编辑：刘雨馨
责任校对：戴玉婷
装帧设计：王任翔　　吴颖茜

书　　名：**苏州市城市绿化适生植物应用**
主　　编：陆浩民　　周婷婷
出版发行：苏州新闻出版集团
　　　　　古吴轩出版社

　　　地址：苏州市八达街118号苏州新闻大厦30F
　　　电话：0512-65233679　　　邮编：215123

出 版 人：王乐飞
印　　刷：苏州市越洋印刷有限公司
开　　本：889mm×1194mm　　1/16
印　　张：22
字　　数：578千字
版　　次：2024年4月第1版
印　　次：2024年4月第1次印刷
书　　号：ISBN 978-7-5546-2295-7
定　　价：198.00元

如有印装质量问题，请与印刷厂联系。0512-68180628

编委会

前言

党的二十大报告指出："大自然是人类赖以生存发展的基本条件。尊重自然、顺应自然、保护自然，是全面建设社会主义现代化国家的内在要求。必须牢固树立和践行绿水青山就是金山银山的理念，站在人与自然和谐共生的高度谋划发展。"城市绿化是生态文明建设的重要内容，是百姓身边可观可感可亲近的自然，彰显着城市的特色和文化，承载着人民对美好生活的向往。为深入推进苏州市生态文明和美丽苏州建设，推动城市绿化高质量发展，市政府先后印发了《关于进一步加强城市绿化工作的指导意见》《关于科学绿化的实施意见》，要求生态优先、科学绿化，推动城市绿化由绿色向彩色发展、由平面向空中延伸，提升"国家生态园林城市群"生态效益。因此，因地制宜、适地适树是必须坚持的首要原则。

为了加强城市绿化适生植物应用，提高植物选择的多样性、功能性、特色性，苏州市绿化指导站与苏州市林学会合作开展了"苏州市城市绿化植物应用及适生性研究"课题，对全市公共绿化的植物应用情况进行了较详实的调查和分析，研究乡土植物和外来引种植物的适生情况，评估存在的问题，筛选适生植物。在此基础上，为更好地指导全市绿化适生植物应用，基于不同的应用场景，兼顾配置形式，结合现阶段苏州城市绿化工作实际需要，特编写本书，介绍各类绿化适生植物572种（120科327属），以供城市绿化建设的决策者、管理者、从业者参考。

本书编写过程中，得到了各县（市、区）园林绿化主管部门和有关专家的大力支持，在此致以诚挚的感谢！限于水平，书中难免有错误和疏漏之处，敬请读者批评指正。

编者

2023 年 12 月

目录

第一章
CHAPTER 1
苏州市城市绿化植物应用现状

近年来，苏州市积极贯彻落实习近平生态文明思想，牢固树立和践行"绿水青山就是金山银山"的理念，围绕"公园城市"建设目标，坚持把城市绿化建设与改善生态环境相结合，与提升城市品质相结合，与优化人居环境相结合，大力实施生态性、景观性、功能性、文化性城市绿化建设。截至2022年底，全市绿地率、绿化覆盖率、人均公园绿地面积分别达到39.8%、43.84%和14.91平方米，公园绿地服务半径覆盖率达91.78%，基本建成类型丰富、功能完善、布局合理的城市绿地系统。植物是景观营造的基本要素，适地适树的配置原则和植物多样性是建立稳定绿地生态系统的关键，因此了解植物应用现状很有必要。

第一节 影响植物应用的自然要素

1.1 地理位置

苏州市位于长江三角洲中部，江苏省南部，东临上海，南接浙江，西抱太湖，北依长江，总面积 8657 平方公里。地理位置优越，地理坐标南界北纬 30°47′，北至北纬 32°02′，西起东经 119°55′，东至东经 121°20′。因此，大部分地区位于北亚热带季风气候区，但太湖洞庭西山、东山至吴江区平望一线以南地区则为中亚热带季风气候区。地理位置决定其所处气候带，从而影响现代植物的分布，是决定城市绿化植物区系组成的第一要素。

1.2 地貌

苏州境内现代地貌以平原为主，占全市总面积的 54.83%，平均海拔仅 3~5 米。平原上河网密集，湖泊星布，拥有长江、大运河等河流 2 万余条，太湖、阳澄湖等湖泊 300 余个，水域面积占全市总面积的 36.6%。苏州共有大小山体 100 余座，海拔一般在 100~300 米，低山丘陵比平原的生境更为多样，是野生植物种类最主要的保存场所。平原比山地的水热和光照条件变化小，生长其上的植物受这些环境因素变化的影响小，水域众多则意味着有更多的滨水与水体绿化植物种类可以适生应用，丘陵为城市绿化乡土植物的开发和利用提供参考。

1.3 气候

苏州气候温和湿润，四季分明，冬夏季较长，春秋季较短。气候条件中的水热因素是决定现代植物分布的主要因素，而低温与高温、干旱与洪涝又是其中的关键。

1. 气温

苏州年平均气温约为 16℃，最冷月（1 月）平均气温约为 3℃，最热月（7 月）平均气温约为 28℃，气温年较差 25~26℃，无霜期约 233 天。全区热量差异较小，最冷月和最热月均温南北差异均在 1℃以内。冬季极端最低气温可低于 –11℃，夏季极端最高气温可至 40℃以上。极端低温是制约不耐寒植物应用的主要因素，在选用原产纬度低于本地气候带的植物时，首先要考虑这种植物所能耐受的最低气温。相反，高温则制约夏季喜凉爽的植物应用，在选用来自纬度高于本地气候带或者高海拔的植物时要考虑其对高温的耐受性。

2. 降水

苏州位于我国东部沿海湿润地区，降水量较为充沛，年平均降水量约为 1119 毫米，年平均降水日约为 128 天。每年 5 月至 10 月多雨，而 11 月至翌年 4 月雨量较少。其中，6、7 月为全年降水量最多的月份，一般 6 月中旬至 7 月上旬为梅雨天，20 余天连续阴雨，而在 7 月中下旬至 8 月中旬会出现持续晴朗高温天气，称为伏旱。每年的 12 月通常降水最少。总体而言，降水集中于气温较高的春夏季，对植物的生长较为有利，但伏旱的出现对植物有不利的影响。

1.4 植被

苏州大部分区域位于北亚热带季风气候区，其最南端有少部分则属于中亚热带季风气候区，水热条件丰富，地带性植被为常绿落叶阔叶混交林。受人类活动影响，现在的自然植被多为次生林，主要分布于丘陵地带，植被类型主要包括针叶林、常绿阔叶林、常绿落叶阔叶混交林、竹林和灌丛等。在常绿落叶阔叶混交林中，主要常绿树种有香樟、青冈、苦槠、冬青等，局部还有紫楠，落叶树种有麻栎、栓皮栎、白栎、榉树、枫香、朴树等。地带性植被的植物种类可以为城市绿化规划植物种类组成、常绿与落叶比例等提供参考。

苏州公园

第二节 城市绿化植物种类组成

2.1 植物多样性

通过统计分析全市公共绿地范围内的绿化建设与养护数据，结合实地抽样调查，苏州市现有人工种植的绿化植物506种（含种下等级），隶属于109科292属。其中，蕨类植物3科3属3种，裸子植物7科17属35种，被子植物99科272属468种（表1.1）。蕨类植物为近年试应用，种类与数量不多。

表1.1 苏州市城市绿化维管植物区系组成

类别	科数	占总科数 %	属数	占总属数 %	种数	占总种数 %
蕨类植物	3	2.75	3	1.03	3	0.59
裸子植物	7	6.42	17	5.82	35	6.92
被子植物	99	90.83	272	93.15	468	92.49
总计	109	100.00	292	100.00	506	100.00

苏州市绿化植物中，种数10种及以上者有11科，包含了226种，占44.66%。这11个科依次为蔷薇科、禾本科、豆科、百合科、菊科、木犀科、唇形科、柏科、木兰科、千屈菜科和槭树科（表1.2）。其中，蔷薇科种数为52种，是观花观果种类的重要组成部分。禾本科种数为43种，包括竹类、观赏草和草坪草等，其中观赏草，如各类芒、针茅、狼尾草等，多为近年来栽培应用。槭树科共10种，为重要的秋色叶树种，如鸡爪槭、三角枫等较为常见。

表1.2 种数10种以上的科

科名	属数	种数	占全部种数 %
蔷薇科	16	52	10.28
禾本科	21	43	8.50
豆科	16	22	4.35
百合科	10	18	3.56
菊科	15	17	3.36
木犀科	7	16	3.16
唇形科	10	15	2.96
柏科	3	12	2.37
木兰科	5	11	2.17
千屈菜科	4	10	1.98
槭树科	1	10	1.98
总计	108	226	44.66

5到10种的科共有23科，包含141种，占总种数的27.87%。这些科包括松科、金缕梅科、石蒜科、夹竹桃科、榆科、鸢尾科、冬青科、壳斗科、马鞭草科、山茶科、杉科、五福花科、杨柳科、忍冬科、虎耳草科、锦葵科、漆树科、卫矛科、小檗科、芸香科、紫葳科、桑科、樟科等。其中樟科在本市绿地中起最重要的作用。2到4种的科多达40科，包含104种。仅1种的科达35科。

综上可见，苏州城市绿化植物在分类学上具有较高的多样性。

2.2 植物区系分布类型

对绿化植物区系作分布类型分析，了解绿化植物各种类来源，有利于今后选择和引种适生植物的种类。按吴征镒（2006）世界种子植物分布区类型系统对苏州市绿化植物的区系进行分析（表1.3）。

2.2.1 科的地理成分分析

1. 世界分布：共有38科，占绿化植物总科数的34.86%，其中常见的科有唇形科、杜鹃花科、禾本科、虎耳草科、堇菜科、景天科、菊科、木犀科、千屈菜科、茜草科、蔷薇科、桑科、十字花科、石竹科、睡莲科、香蒲科、玄参科、榆科、酢浆草科、百合科、豆科、瑞香科、兰科等。苏州绿化植物区系中广布类群占较大的比例，表明与世界各地近似的种类比较多。

2. 泛热带分布：有本类地理成分（含变型）33科，是除世界分布型外最多的类型，占科总数（不包括世界分布，下同）的46.48%，表明苏州绿化植物区系有较强的热带起源性。正型共28科，占科总数的39.44%，包括了苏州绿化植物区系中的重要科，如大戟科、黄杨科、山茶科、柿树科、卫矛科、梧桐科、芸香科、樟科、锦葵科、无患子科、棕榈科，其中还包括了蕨类植物里白科和肾蕨科2科。

变型包括3个：2-1热带亚洲－大洋洲和热带美洲（南美洲或/和墨西哥），有山矾科1科；2-2热带亚洲－热带非洲－热带美洲（南美洲），有鸢尾科1科；2s以南半球为主的泛热带，有石蒜科、桃金娘科和罗汉松科3科。

3. 东亚（热带、亚热带）及热带美洲间断分布：包含科数较少，有6科，占8.45%，分别是冬青科、杜英科、七叶树科、五加科、安息香科、马鞭草科，表明与美洲热带地理成分间有少量的联系。

4. 旧世界热带分布：有芭蕉科和海桐科2科。

5. 热带亚洲至热带大洋洲分布：仅苏铁科1科。在苏州，苏铁近几年才露地种植，但在冬季极端低温来临时，它将无法露地越冬。

以上2~5型为热带地理成分，共42科，占除世界分布科以外总科数的59.15%，有较明显的热带性质，但是泛热带成分占绝对优势。

6. 热带亚洲至热带非洲分布：无。

7. 热带亚洲（即热带东南亚至印度－马来，太平洋诸岛）分布：无。

8. 北温带分布：含变型共有19科，占26.76%，是第一大温带地理成分，其中以变型8-4北温带和南温带间断为主。正型中有松科、悬铃木科等重要的绿化植物。8-4变型中的杉科、杨柳科、柏科、金缕梅科、槭树科等包含了更多的绿化树种。

9. 东亚及北美间断分布：共有6科，占8.45%，分别是菖蒲科、蜡梅科、蓝果树科、莲科、木兰科、三白草科，表明与北美植物区系间有一定的联系。其中莲科是苏州市水生绿化植物的重要成分，而木兰科则是陆生观花植物的代表科。

10. **旧世界温带分布**：本型有柽柳科 1 科。

11. **温带亚洲分布**：无。

12. **地中海区、西亚至中亚分布**：无。

13. **中亚分布**：无。

14. **东亚分布**：仅连香树科 1 科。本科目前在绿化中极少应用。

15. **中国特有分布**：仅银杏科和杜仲科 2 科，为本地栽培，尤其是前者历史悠久，且原生分布区推测为浙江西天目山，为本地临近区域，故在此作为本区自然分布成分。

以上 8~10 和 14~15 型，共有 29 科，占科总数（不含世界分布）的 40.85%，表现出了一定的温带性质。

2.2.2 属的地理成分分析

1. **世界分布**：有 26 属，比例较高，占本地维管植物总属数的 9.8%。本型以草本植物占绝对优势，包括陆生和水湿生草本，前者如千里光属、百子莲属、鼠尾草属、酢浆草属、大戟属、堇菜属，后者如薹草属、莼菜属、灯芯草属、芦苇属、千屈菜属、莎草属、睡莲属、珍珠菜属、香蒲属、慈姑属等，只有少数木本植物属，如海桐花属、卫矛属、鼠李属等。

2. **泛热带分布**：是苏州绿化植物中热带地理成分的主体，含变型共有 45 属，占属总数的 16.98%。其中正型有 32 属，包括了多个城市绿化中较为重要的属如朴树属、乌桕属、木槿属、合欢属、黄杨属、素馨属、狗牙根属、狼尾草属、黄檀属、马鞭草属、紫珠属、醉鱼草属等。

变型分别为 2-1 热带亚洲 - 大洋洲和热带美洲（南美洲或 / 和墨西哥）分布 6 属，和 2-2 热带亚洲 - 热带非洲 - 热带美洲（南美洲）分布 2 属。前者为木犀属、罗汉松属、冬青属、山矾属、柞木属、糙叶树属，后者为金鸡菊属和厚皮香属。表明与热带美洲间的联系较密切。

泛热带分布型及变型中，乔木树种朴树、厚壳树、黄檀、糙叶树、乌桕可在本地植被中成为优势种，但这些种可分布至接近亚热带的温带区域。本型及变型中，冬青、红豆树、柞木，是限于亚热带以南分布的种，冬青可为本区植被中的优势种，但红豆树和柞木是本区的稀有种。总体来看，本分布类型和变型乔木种类较少，以草本、灌木及藤本为主，多为森林下层植物，且多为热带起源植物向北延伸分布的类群。

3. **东亚（热带、亚热带）及热带美洲间断分布**：共有 15 属，占 5.66%。本地原生植物有雀梅藤属、无患子属、樟属等少数几个属，其余多为引种栽培或归化，如蒲苇属、秋英属、百日菊属、月见草属等。表明苏州绿化植物区系与热带美洲区系有一定的联系，故而引种的绿化植物能在这里较好地生长。

4. **旧世界热带分布**：共有 8 属属于本分布型，占 3.02%。正型包括箣竹属、芭蕉属、楝属、苏铁属、蝴蝶草属、蒲葵属、栀子属 7 属。其中苏铁和蒲葵是苏州绿化植物区系中的外来植物，并且露地越冬有困难。本类型中还有鞘蕊花属为国外引种属，越冬也有困难。

5. **热带亚洲至热带大洋洲分布**：苏州有 5 属，占 1.89%。正型有紫薇属、香椿属、臭椿属、结缕草属 4 属，另有红千层属由国外引种。

6. **热带亚洲至热带非洲分布**：含变型共有 8 属，占 3.02%。包括刺葵属、芒属、长春花属、海枣属、雄黄兰属、火炬花属、紫娇花属、梳黄菊属，多为外来属。

7. 热带亚洲（即热带东南亚至印度－马来，太平洋诸岛）分布：有 15 属，占 5.66%。其中薄唇蕨属、竹柏属、箬竹属和蚊母树属为正型。其余，即木荷属、重阳木属、油杉属、柑橘属、含笑属、枇杷属、山茶属、木莲属、润楠属、楠属和构属为变型，其中不少是本地表现很好的绿化植物。

2~7 分布型是热带地理成分，苏州绿化植物中含有 96 属，再加上（17）型，共计 97 属，占总属数的 36.60%，反映了苏州绿化植物区系与热带植物区系有较密切联系，但本区植物区系中所包含的热带地理成分多数不是典型热带植被，只是与热带有联系而延伸分布到亚热带北缘的种类。因此，这里的常绿阔叶树种具有一定的耐寒性。

8. 北温带分布：本型含变型共有 51 属，占 19.25%，是第一大温带地理成分，在全部分布区类型中居第一位。正型有 33 属，包括杜鹃花属、苹果属、蔷薇属、绣线菊属、悬铃木属、樱属、刺柏属、松属、荚蒾属、榆属等大量重要观赏植物，且都为木本植物。

变型共 18 属，主要属 8-4 北暖带和南温带间断，包括薄荷属、景天属、李属、栎属、柳属、槭属、胡颓子属等重要观赏植物。

9. 东亚及北美间断分布：本型共 38 属，占 14.34%，包括了较多重要的木本植物属：枫香属、木兰属、鹅掌楸属、石楠属、皂荚属、紫藤属、爬山虎属等。

10. 旧世界温带分布：含变型共 22 属，占 8.3%。有锦葵属、柽柳属、丁香属、梨属、蜀葵属、萱草属、菊属、火棘属、榉属、连翘属、芦竹属、桃属、雪松属、银缕梅属、女贞属、石竹属等。

11. 温带亚洲分布：有 6 属，占 2.26%。相对较少，有杏属、枫杨属、锦鸡儿属、诸葛菜属等，表明与高纬度的欧亚寒温带草原联系较弱。

12. 地中海区、西亚至中亚分布：共 8 属，占 3.02%。分别是黄连木属、常春藤属、木犀榄属、滨菊属、迷迭香属、石榴属、薰衣草属和月桂属，其中前 2 属本地有分布，而后 6 属都是外来属。

13. 中亚分布：无。

14. 东亚分布：含变型有 33 属，占 12.45%。正型有 18 属，包括蜡瓣花属、南酸枣属、吉祥草属、檵木属、结香属、木瓜属、石蒜属、沿阶草属、南天竹属、刚竹属等。

变型 14 SJ 中国－日本有 15 属，如大吴风草属、棣棠属、锦带花属、泡桐属、山麦冬属、万年青属、梧桐属、玉簪属、侧柏属、柳杉属等。

本型属种数较多，表明苏州绿化植物区系处于东亚植物区系的中心地位，而 14SJ 变型所占比例高，又表明苏州植物区系与日本植物区系的联系密切。

15. 中国特有分布：共有 11 属，占 4.15%。分别是杜仲属、短穗竹属、蜡梅属、栾树属、青檀属、喜树属、金钱松属、水杉属、银杏属、秤锤树属、柘属。

8~14 分布型为温带地理成分，合计有 158 属，占总属数的 59.62%，反映出本区植物区系有较强的温带地理属性。R/T 值可以用来说明区系的热带和温带地理属性。R/T 值为一个地区植物区系中热带地理成分与温带地理成分属数的比值。当一个区系的 R/T 值大于 1 时，表明该区系具有热带性质，而小于 1 时具温带性质。苏州绿化植物区系的 R/T 值等于 0.61，有较强的温带属性。但与处于温带地区的泰山区系和太行山区系的 R/T 值（分别为 0.45 和 0.37）（赵利新，2015）相比，苏州植物区系并非典型的温带区系。因此，苏州植物区系具有亚热带向温带过渡的特性。另外，缺乏 13 分布型，表明苏州植物区系与气候干旱的中亚植物联系微弱。

表 1.3 苏州市绿化植物科和属的分布类型

分布区类型	科数	科总数 %*	属数	属总数 %
1. 世界分布	38		26	
2. 泛热带分布	28	39.44	32	12.08
2-1 热带亚洲 - 大洋洲和热带美洲（南美洲或 / 和墨西哥）	1	1.41	6	2.26
2-2 热带亚洲 - 热带非洲 - 热带美洲（南美洲）	1	1.41	2	0.75
2s 以南半球为主的泛热带	3	4.23		
（2）不见于中国的 2 型			3	1.13
（2-2）不见于中国的 2-2 型			2	0.75
3. 东亚（热带、亚热带）及热带美洲间断分布	6	8.45	7	2.64
（3）不见于中国的 3 型			8	3.02
4. 旧世界热带分布	2	2.82	7	2.64
（4）不见于中国的 4 型			1	0.38
5. 热带亚洲至热带大洋洲分布	1	1.41	4	1.51
（5）不见于中国的 5 型			1	0.38
6. 热带亚洲到热带非洲分布			4	1.51
（6）不见于中国的 6 型			4	1.51
7. 热带亚洲（即热带东南亚至印度 - 马来，太平洋诸岛）分布			4	1.51
7-1 爪哇（或苏门答腊），喜马拉雅间断或星散分布到华南、西南			2	0.75
7-4 越南（或中南半岛）至华南或西南			1	0.38
（7a+7a-c+7e）不见于中国的 7 型			8	3.02
8. 北温带分布	5	7.04	33	12.45
8-4 北温带和南温带间断	13	18.31	16	6.04
8-5 欧亚和南美洲温带间断	1	1.41	1	0.38
（8-4）不见于中国的 8-4 型			1	0.38
9. 东亚及北美间断分布	6	8.45	26	9.81
9-1 东亚和墨西哥间断			2	0.75
（9）不见于中国的 9 型			7	2.64
（9-1）不见于中国的 9-1 型			1	0.38
（9-2）北美西、西南部（以加州为中心）至邻近的墨西哥或 / 和中美			2	0.75

分布区类型	科数	科总数 %*	属数	属总数 %
10. 旧世界温带分布	1	1.41	10	3.77
10-1 地中海区，至西亚（或中亚）和东亚间断			9	3.40
10-3 欧亚和南非（有时也在澳大利亚）			2	0.75
（10-1）不见于中国的 10-1 型			1	0.38
11. 温带亚洲分布			6	2.26
12. 地中海区、西亚至中亚分布				
12-2 地中海区至西亚或中亚和墨西哥或古巴间断			1	0.38
12-3 地中海区至温带－热带亚洲，大洋洲和／或北美南部至南美洲间断			2	0.75
（12）不见于中国的 12 型			4	1.51
（12-4）不见于中国的 12-4 型			1	0.38
13. 中亚分布				
14. 东亚分布			18	6.79
14SJ 中国－日本	1	1.41	15	5.66
15. 中国特有分布	2	2.82	10	3.77
（17）环大西洋间断分布			1	0.38
合计	109	100	291**	100

注：*百分数不包括世界分布。**熊掌木属为人工杂交属，无分布区可言，所以未统计在内。

2.2.3 外来植物属的地理成分分析

　　城市环境中的植物区系不可避免地含有外来种。外来植物是指非本植物地区中原有的植物。苏州植物区系在中国植物区系分区中属于华东地区，因此应将该地区的植物视为本地植物。植物分区与行政区划往往并不一致，例如，与苏州市同个行政省的连云港市在植物区系分区中属于华北地区，因此自然分布于那里的百里香对于苏州而言，属于外来植物。外来植物中有部分来自国外，对这部分外来属参照吴征镒（2006）世界种子植物分布区类型系统作出统计（表1.4），其中变型或变体的属与正型归并统计。

表1.4 苏州外来绿化植物属及分布区类型

分布区类型	属数	属名	相关种名
（2）泛热带分布及其变型	5	芦莉草属、紫露草属、朱蕉属、马缨丹属、再力花属	翠芦莉、紫露草、红星朱蕉、马缨丹、再力花
（3）东亚（热带、亚热带）及热带美洲间断分布及其变型	8	百日菊属、葱莲属、蒲苇属、秋英属、月见草属、矮牵牛属、萼距花属、野凤榴属	百日菊、葱莲、韭莲、蒲苇、波斯菊、黄秋英、美丽月见草、矮牵牛、细叶萼距花、菲油果
（4）旧世界热带分布及其变型	1	鞘蕊花属	彩叶草
（5）热带亚洲至热带大洋洲分布	1	红千层属	黄金香柳、垂枝红千层、美花红千层
（6）热带亚洲至热带非洲分布及其变型	4	雄黄兰属、火炬花属、紫娇花属、梳黄菊属	雄黄兰、火炬花、紫娇花、黄金菊
（8）北温带分布及其变型	1	天人菊属	天人菊
（9）东亚及北美间断分布及其变型	10	刺槐属、金光菊属、美国薄荷属、山桃草属、矾根属、福禄考属、梭鱼草属、丝兰属、松果菊属、落羽杉属	刺槐、黑心金光菊、拟美国薄荷、山桃草、矾根、福禄考、芝樱、梭鱼草、凤尾兰、松果菊、落羽杉、池杉、墨西哥落羽杉
（10）旧世界温带分布及其变型	1	夹竹桃属	夹竹桃
（12）地中海区、西亚至中亚分布及其变型	5	滨菊属、迷迭香属、石榴属、薰衣草属、月桂属	大滨菊、迷迭香、石榴、薰衣草、月桂
（17）热带非洲—热带美洲间断	1	糖蜜草属	红毛草
合计	37	/	/

据统计，苏州市外来绿化植物属共37属，以9型东亚和北美间断分布者最多，共10属。3型热带亚洲和热带美洲间断属数位列第二，共8属。2型泛热带分布和12型中亚、西亚至地中海分布及其变型并列第三，各有5属。

地处北亚热带的苏州，在植物区系组成上具有明显的亚热带向温带的过渡性，因此对于泛热带成分中那些向温带扩展的种类和欧亚大陆温带分布的暖温带分布性质的种类，苏州市能够提供它们拓殖的环境条件。然而，热带性质属通常是一些草本植物能在这里生长，但木本植物便有难以越冬的担忧，例如红星朱蕉和黄金香柳。

美洲大陆与亚洲大陆地史上的相连，造成了两个植物区系间很强的亲缘性，尤其是华东区系与北美关系特别紧密。因此，人为地克服植物自然传播的障碍，把北美乃至美洲植物引种到这里，很容易成功。例如，原产北美和（或）北美中部的刺槐属和落羽杉属的植物已融入到本地植被中，厚萼凌霄引入国内后与本地的凌霄产生了天然杂交种。

2.3 植物区系基本特征

1. 区系成分较为多样

在中国维管植物科的 15 个分布区类型中苏州市共有 10 个，缺少其中的 5 个，比较单一。属的分布区类型有 15 个，含一个外来分布区类型属（17 型），缺 13 型中亚分布区类型，与世界各区系有着或强或弱的联系，所以总体而言区系成分比较多样。

2. 具有明显的热带性质向温带性质过渡的特征

从科的地理成分分析看，本区热带性质地理成分高于温带性质地理成分，但从属的地理成分看，本区热带性质地理成分稍少于温带性质地理成分。热带成分中，无 6 型和 7 型，说明本区热带性质的种类多为热带科属性质向北之延伸，而不是典型的热带成分。温带成分中，11~13 型的缺乏，说明本区与亚洲温带草原及荒漠地植物区系缺少联系。因此，本区植物具有显著的由热带向温带过渡的性质。

属的地理成分与科所反映出的特点相同之处是，热带成分中以泛热带成分为主，温带成分中只有较少的亚洲温带草原及荒漠地植物区系成分。但是，属的温带地理成分体现出了科的地理成分中没有体现出的本区的东亚植物区系属性，还进一步揭示了本区与北美之间的紧密联系。

温带地理成分中，集中了比较典型的落叶阔叶树属，并构成植被的主体，热带地理成分中包括一定数量的常绿成分，如冬青、女贞、香樟等，反映了苏州植物区系与南方中亚热带常绿阔叶林植被有着较密切的联系。本区正处暖温带落叶阔叶林南部的边缘地带，过渡性的特征较为明显，一些南、北方的树种在此交汇，如阔叶箬竹，本区则是其分布的北部边缘。

3. 外来物种与本区固有物种的地理成分关系密切

外来植物能在苏州生长繁衍，说明其在地理成分上与本区相近或有亲缘关系。泛热带成分中那些向温带扩展的种类和欧亚大陆温带分布、暖温带分布性质的种类，以及来自美洲，尤其是北美的植物种类引入本区的成功率高。来自这些地区的草本物种，在本区的迅速繁衍与扩展，极易成为生态入侵者。因此，外来草本植物的引种，特别是对上述相关区域，如美洲，需要审慎考察与试验，确保本地生态的安全。

第三节 城市绿化优势植物

分析苏州市城市绿化植物的数量特征，通过重要值排序，以了解优势植物种类，判断不同植物种类在城市绿化中的地位，分析植物配置现状。结合实际应用，把绿化植物分为乔木、大灌木（小乔木）、灌木和草本 4 类。这里灌木指密闭片植的灌木，它们被种植为色块、地被、绿篱等，抽样统计以面积来计算，而分散种植的灌木或接近地面分枝的小乔木在这里被称为大灌木（小乔木），抽样统计以株数统计。另外两类中，乔木抽样统计以株数来统计，草本植物抽样统计以面积来计算。

3.1 优势乔木

苏州市城市绿化中占优势的乔木前 20 种依次为香樟、银杏、水杉、垂柳、广玉兰、榉树、白玉兰、复羽叶栾树、女贞、落羽杉、朴树、杜英、湿地松、雪松、乌桕、无患子、三角枫、池杉、二球悬铃木和重阳木（表 1.5）。其中，位列第一的香樟占比特别大，重要值达到 27%，其优势地位非常明显。其余 19 种的重要值不算太大，在 1% 至 7% 之间，与香樟相比有非常明显的差距。其他相对常见的乔木树种有合欢、枫香、杂交马褂木、枇杷、梧桐、枫杨、二乔玉兰、乐昌含笑、喜树等。

表 1.5 优势乔木数量特征

序号	植物名称	相对密度 %	相对频度 %	相对显著度 %	重要值 %
1	香樟	30.73	9.66	41.98	27.45
2	银杏	6.50	6.40	5.93	6.28
3	水杉	6.80	3.02	4.92	4.92
4	垂柳	3.37	4.11	5.11	4.19
5	广玉兰	4.09	5.19	3.05	4.11
6	榉树	2.55	4.99	2.65	3.40
7	白玉兰	3.52	4.73	1.81	3.35
8	复羽叶栾树	3.29	4.04	2.53	3.29
9	女贞	3.52	4.07	1.98	3.19
10	落羽杉	3.12	1.15	3.74	2.67
11	朴树	1.64	4.07	2.11	2.61
12	杜英	2.55	2.86	1.58	2.33
13	湿地松	2.90	1.58	2.31	2.26
14	雪松	1.52	3.45	1.49	2.15

序号	植物名称	相对 密度 %	相对 频度 %	相对 显著度 %	重要值 %
15	乌桕	1.53	3.15	1.58	2.09
16	无患子	2.06	2.63	1.49	2.06
17	三角枫	3.13	1.67	1.02	1.94
18	池杉	2.13	0.62	2.81	1.86
19	二球悬铃木	1.56	1.31	2.64	1.84
20	重阳木	1.59	1.58	1.29	1.49

上述 20 种优势乔木中的绝大多数在苏州城市绿地中生长状态良好，对本地城市环境的适应性良好。其中，杜英在冬季受到一定的冻害，以致于树冠不够完整，因此近几年已很少新增种植。相对常见的乔木种类同样多数生长良好，适应当地环境，只有乐昌含笑在苏州冬季极端低温下枝稍会受到一定的冻害。

优势乔木中，香樟、广玉兰、女贞、湿地松、杜英、雪松等 6 种为常绿乔木，其余 14 种则为落叶乔木，常绿树种的比例较小，但由于常绿乔木香樟株数占比大，所以苏州市绿地中的常绿成分还是较高的。而从所处北亚热带季风气候区南缘和常绿与落叶阔叶混交林植被地带的条件来看，比例基本合理。

落叶乔木中，银杏、水杉、复羽叶栾树、三角枫、落羽杉、榉树、池杉、无患子、二球悬铃木、乌桕等 10 种为良好的秋色叶树种，与常绿植物一起使苏州的秋季呈现出红黄绿交织的绚烂画卷。

3.2 优势大灌木（小乔木）

苏州市城市绿化中应用最多的大灌木（小乔木）为桂花（木犀），其在大灌木中的相对重要值为 12% 以上，优势明显。其余占优势者有紫薇、东京樱花（染井吉野）、石楠、紫叶李、红枫、山茶、垂丝海棠、石榴、鸡爪槭、木芙蓉、紫荆、枸骨、梅、罗汉松、木槿、桃、日本晚樱、含笑、蜡梅，这些树种加上桂花，相对重要值将近 80%。紫薇、东京樱花、石楠、紫叶李的相对重要值在 5% 至 8% 之间，所占优势比较明显，其余种则不太明显，所以总体而言大灌木的均匀度较好（表 1.6）。

表 1.6 优势大灌木（小乔木）数量特征

序号	植物名称	相对密度 %	相对频度 %	相对重要值 %
1	桂花	16.61	9.13	12.87
2	紫薇	8.39	6.19	7.29
3	东京樱花	8.84	5.62	7.23
4	石楠	7.90	4.69	6.30
5	紫叶李	6.56	5.23	5.90
6	红枫	3.32	5.84	4.58
7	山茶	3.26	4.31	3.79
8	垂丝海棠	3.90	3.48	3.69
9	石榴	2.33	4.34	3.34

序号	植物名称	相对密度 %	相对频度 %	相对重要值 %
10	鸡爪槭	2.11	3.35	2.73
11	木芙蓉	4.48	0.96	2.72
12	紫荆	2.44	2.78	2.61
13	枸骨	2.25	2.49	2.37
14	梅	1.90	2.43	2.16
15	罗汉松	1.83	2.27	2.05
16	木槿	2.27	1.31	1.79
17	桃	1.31	2.20	1.76
18	日本晚樱	1.71	1.47	1.59
19	含笑	0.75	2.14	1.44
20	蜡梅	0.65	1.98	1.31

这些优势大灌木在苏州城市绿地中的生长状态良好，对本地城市环境的适应性良好。从观赏效果看，观花、观果与观秋叶树种类均有，基本上四季均有观赏主题。春季观花植物种类最多，有桃、紫叶李、东京樱花、大岛樱、垂丝海棠、紫荆、梅、日本晚樱、山茶等。夏季观花植物有紫薇、石榴、木槿等。秋季有观花与观叶两类，前者如桂花、木芙蓉等，后者如鸡爪槭。冬季观果植物有枸骨等，观花植物有山茶、蜡梅等。

3.3 优势灌木

苏州市城市绿化中占优势的灌木前 20 种依次为毛鹃、红叶石楠、红花檵木、八角金盘、海桐、金森女贞、南天竹、金边大叶黄杨、小叶黄杨、法国冬青、金叶女贞、金丝桃、龙柏、洒金桃叶珊瑚、茶梅、迎春花、夹竹桃、栀子花、粉花绣线菊和十大功劳（表 1.7）。其他灌木，如现代月季（包括多个品种）、绣球、小蜡等也较常见。其中毛鹃相对重要值超过 10%，红叶石楠相对重要值 8.8%，两者的优势明显，其余优势种相对重要值在 1% 至 7% 之间，优势也较明显。

表 1.7 优势灌木数量特征

序号	植物名称	相对密度 %	相对频度 %	相对重要值 %
1	毛鹃	14.04	7.14	10.59
2	红叶石楠	10.53	7.08	8.80
3	红花檵木	6.21	6.77	6.49
4	八角金盘	8.45	3.22	5.83
5	海桐	4.87	5.73	5.30
6	金森女贞	6.13	3.89	5.01
7	南天竹	5.33	4.63	4.98

序号	植物名称	相对密度 %	相对频度 %	相对重要值 %
8	金边大叶黄杨	4.43	5.43	4.93
9	小叶黄杨	4.19	4.46	4.32
10	法国冬青	3.47	3.86	3.66
11	金叶女贞	3.00	3.89	3.44
12	金丝桃	3.25	2.78	3.02
13	龙柏	2.54	2.92	2.73
14	洒金桃叶珊瑚	2.50	2.52	2.51
15	茶梅	1.32	3.12	2.22
16	迎春花	1.48	1.98	1.73
17	夹竹桃	0.92	2.35	1.63
18	栀子花	1.45	1.78	1.61
19	粉花绣线菊	1.69	1.34	1.51
20	十大功劳	1.55	1.21	1.38

这些灌木在苏州城市绿地中生长良好，除了洒金桃叶珊瑚和十大功劳在冬季极端低温时会受冻害，致使出现部分枯叶外，其余各种均能适应苏州的气候条件。毛鹃为春季重要观花灌木，密植后生长良好，能很好覆被地面，是良好的花灌木地被，但其夏季需水量大，所以对其的用量应有所控制。

3.4 草本

苏州城市绿化应用的草本植物种类较丰富，但从种植面积占比看，少数几个草坪和地被植物种类占据了绝大比例。草坪草有狗牙根、高羊茅、黑麦草、结缕草等，其中狗牙根占绝对优势，相对重要值在40%以上（表1.8）。

表1.8 优势草本数量特征

序号	植物名称	相对密度 %	相对频度 %	相对重要值 %
1	狗牙根	67.92	14.96	41.44
2	麦冬	8.78	11.90	10.34
3	山麦冬	4.43	5.54	4.98
4	高羊茅	3.13	2.31	2.72
5	葱兰	0.64	2.73	1.68
6	兰花三七	0.52	2.48	1.50
7	黑麦草	1.45	1.49	1.47
8	萱草	0.32	2.56	1.44
9	吉祥草	0.68	2.15	1.41

序号	植物名称	相对密度 %	相对频度 %	相对重要值 %
10	红花酢浆草	0.31	2.40	1.35
11	美人蕉	0.23	2.07	1.15
12	日本鸢尾	0.26	1.98	1.12
13	鸢尾	0.40	1.74	1.07
14	大吴风草	0.37	1.65	1.01
15	大花金鸡菊	0.31	1.57	0.94
16	结缕草	1.38	0.50	0.94
17	黄金菊	0.07	1.74	0.90
18	玉簪	0.16	1.57	0.87
19	狼尾草	0.18	1.32	0.75
20	花叶玉簪	0.26	1.24	0.75

常见地被草本植物中，麦冬、山麦冬占明显优势，而葱兰、吉祥草、美人蕉、萱草、红花酢浆草等也较常见。其他较常见的草本植物有鸢尾、大吴风草、大花金鸡菊、黄金菊、玉簪、狼尾草等。

3.5 城市绿化植物组成优化

苏州市城市绿化植物种类较丰富，但个别树种优势过于明显，降低了绿化植物物种在城市绿地植被中的均匀度，从而降低了物种的多样性。基于城市生物多样性的保护和城市绿地系统的稳定和可持续发展的目标，通常认为单个绿化树种在城市绿地中的占比应不超过10%，因此今后需要减少种植超标树种。

增加占比较小的适生植物的应用量是优化城市绿化植物组成结构，从而增加植物多样性的一种方法。苏州市可适当推广应用的城市绿化树种中，常绿树种有深山含笑、冬青、苦槠、青冈、樟叶槭、乌柿、红楠等，半常绿树种有水松，落叶树种有七叶树、光皮梾木、楸树、梓树、南酸枣、薄壳山核桃、珊瑚朴、朴树、糙叶树、拐枣、青檀、香椿等。

引种和驯化新树种，是优化城市绿化植物组成结构，增加苏州城市绿化植物多样性的另一种方法。一些还没有应用在城市绿化中的本地丘陵的野生植物，今后可以加以扩繁应用，其中常绿种如光亮山矾、格药柃等，落叶种如毛梾、流苏树、檫木、白鹃梅、山胡椒、木通、网络崖豆藤等。还可以引种一些本地还没有的植物，如浙江楠、天竺桂、粉叶羊蹄甲等。

根据本市气候条件和地带性植被特点，合理配置城市绿化树木的常绿与落叶类型的比例，乔木种类中常绿与落叶比控制在3：7至4：6之间，而灌木类中常绿与落叶比则控制在7：3至6：4之间。

第二章
CHAPTER 2

苏州市城市绿化
不同绿化类型适生植物

第一节

城市道路绿化

　　道路绿化是城市生态建设的核心环节。它不仅关乎着道路的美观与舒适，更与城市的生态环境、交通状况和人文景观紧密相连。合理配置的道路绿化，能够有效组织车流、人流，保障交通的顺畅与安全，同时也能为驾驶者提供视觉上的舒缓，减少疲劳感。这些绿色的生态空间，更是城市空气的净化器，降低噪音、吸附尘埃，为市民创造一个宁静、清新的生活环境。此外，通过巧妙地选择和配置植物，道路绿化还能连通生境斑块，提升城市的生物多样性，使城市的自然景观更为丰富多样。富有特色的绿化设计，更能凸显地方特色，通过"一路一景"打造，展现城市独特魅力。

1.1 两侧分车带绿化

概念

在机动车道与非机动车道之间或同方向机动车道之间分车道上的植物种植为两侧分车带绿化，该绿化带被称为两侧分车绿带。

环境特点

1. 绿化空间通常较局促，尤其是绿带宽度有限，不利于乔木的生长。

2. 土壤体积有限，土层薄，容易造成土壤贫瘠、板结、干旱、排水不畅等。

3. 机动车道侧受路面扬尘、热辐射和汽车尾气危害更为严重。

植物选择要点

1. 耐干旱瘠薄、耐热性强的草本、小灌木、大灌木和小乔木。

2. 当两侧分车绿带净宽度，即路缘石内侧之间、可实际栽植植物的绿带宽度在 2 米以上时，可以种植乔木，适生乔木种类参照中间分车绿带。

推荐植物

表 2.1 两侧分车带绿化适生植物推荐表

习性	植物名称
小乔木和大灌木	罗汉松；杨梅、含笑、紫玉兰、垂丝海棠、紫叶李、湖北紫荆（巨紫荆）、白杜（丝绵木）、山茶、紫薇、石榴、重瓣红石榴、桂花
灌木	铺地龙柏、铺地柏；圆锥绣球、海桐、红花檵木、红叶石楠、火棘、小丑火棘、粉花绣线菊、珍珠绣线菊、锦鸡儿、紫荆、黄杨、枸骨、龟甲冬青、卫矛、大叶黄杨、金边大叶黄杨、茶梅、金丝桃、胡颓子、矮紫薇、金森女贞、小叶女贞、小蜡、醉鱼草、狭叶栀子、大花六道木、锦带花、紫叶小檗、南天竹
草本	肾形草（矾根）、狗牙根、结缕草、阔叶山麦冬、金边阔叶山麦冬、山麦冬、麦冬

阳澄环路两侧分车带绿化：垂丝海棠、日本珊瑚树

前进西路两侧分车带绿化：香樟、毛鹃

西环路两侧分车带绿化：紫薇、毛鹃、山麦冬

润元路两侧分车带绿化：香樟、金边大叶黄杨

人民路两侧分车带绿化：红花檵木、金边阔叶山麦冬

苏站路两侧分车带绿化：红叶石楠、山麦冬

1.2 中间分车带绿化

■ 概念

在上下行机动车道之间的中间分车带上种植植物为中间分车带绿化，该绿化带被称为中间分车绿带。

■ 环境特点

1. 受路面扬尘、热辐射和汽车尾气危害较严重。

2. 土壤体积有限，土层薄，容易造成土壤贫瘠、板结、干旱、排水不畅等。

3. 通常相对较空旷，风较大，台风引起乔木倒伏的可能性较大。

4. 为了确保行车通畅和人身安全，该绿带不宜进行精细管理和养护。

■ 植物选择要点

1. 该绿带净宽度在 2 米以上时，可选择深根性和树冠较小的乔木树种。

2. 耐干旱瘠薄、耐热、耐寒性强的多年生草本、小灌木、大灌木和小乔木，少用一二年生草本。

3. 所选树种应少飞絮，少落果。

■ 推荐植物

表 2.2 中间分车带绿化适生植物推荐表

习性	植物名称
乔木	银杏、池杉；珊瑚朴、朴树、二乔玉兰、枫香、乌桕、冬青、三角枫、梓树、黄金树
小乔木和大灌木	罗汉松；杨梅、含笑、深山含笑、紫玉兰、垂丝海棠、紫叶李、月季（北京红、果汁阳台、杏花村）、树状月季（绯扇、粉扇）、香圆、枸骨、山茶、紫薇、石榴、重瓣红石榴、山茱萸、桂花
灌木	铺地龙柏；圆锥绣球、海桐、红花檵木、红叶石楠、火棘、小丑火棘、粉花绣线菊、珍珠绣线菊、小叶黄杨、龟甲冬青、大叶黄杨、矮紫薇、金森女贞、小叶女贞、小蜡、金叶小蜡、银姬小蜡、醉鱼草、大花六道木、日本珊瑚树（法国冬青）、南天竹
草本	肾形草（矾根）、红花酢浆草、柳叶马鞭草、林荫鼠尾草、松果菊、蒲苇、矮蒲苇、狗牙根、细叶芒、结缕草、金叶薹草、萱草、火炬花、阔叶山麦冬、金边阔叶山麦冬、山麦冬、麦冬、石蒜、葱兰、鸢尾、大花美人蕉、金脉美人蕉、美人蕉

杜克大道中间分车带绿化：香樟、红花檵木、铺地龙柏

杜克大道中间分车带绿化：石楠、红花檵木、毛鹃

人民路中间分车带绿化：银杏、桂花、花境

干将路中间分车带绿化：树状月季

干将路中间分车带绿化：现代月季（北京红）

星湖街中间分车带绿化：垂丝海棠、红花檵木、大叶黄杨、花境

1.3 人行道绿化

■ 概念

在人行道与车行道之间以行道树为主的种植为人行道绿化，该绿化带被称为行道树绿带。

■ 环境特点

1. 道路外侧往往有建筑遮光，光照不足。

2. 土壤体积有限，土层薄，容易造成土壤贫瘠、板结、干旱、排水不畅等。

3. 与行人密切接触，相互影响较大。

■ 植物选择要点

1. 行道树应选择树干端直、树形端正、分枝点高且一致、冠型优美、深根性且生长健壮、根蘖少、少飞絮、少落果坠叶等对行人不会造成危害、寿命较长、具有良好生态效益的乡土树种、特色树种和有较长栽培历史、适应性强的外来树种。

2. 行道树应以落叶阔叶树种为主，以利于夏季遮阳、冬季透光。

3. 选择茎叶茂密、生长势强和耐修剪的灌木或草本观叶、观花植物作为行道树池或带的地被植物。

■ 推荐植物

表2.3 行道树绿带适生植物推荐表

习性	植物名称
乔木	银杏；枫杨、青冈、糙叶树、珊瑚朴、朴树、榉树（大叶榉）、广玉兰、香樟、枫香、二球悬铃木（法国梧桐）、楝、黄连木、冬青、三角枫、七叶树、复羽叶栾树（黄山栾树）、无患子、光皮椟木、女贞、楸树
灌木	铺地龙柏；八仙花（绣球）、海桐、红花檵木、火棘、小叶黄杨、龟甲冬青、大叶黄杨、茶梅、金森女贞、狭叶栀子、大花六道木、火焰南天竹
草本	肾形草（矾根）、阔叶山麦冬、金边阔叶山麦冬、山麦冬、麦冬、吉祥草

道前街人行道绿化：银杏

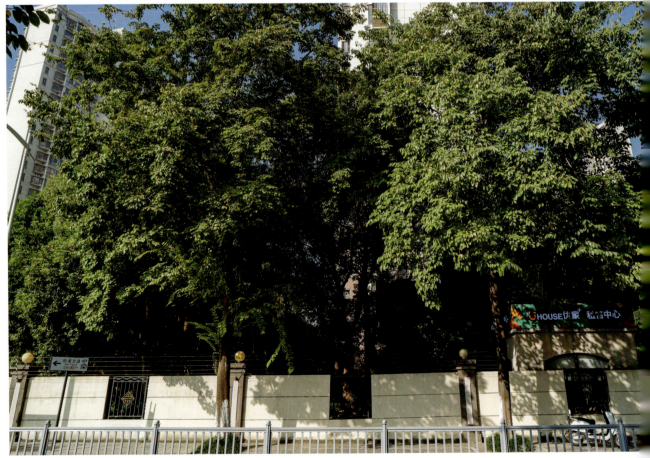

范成大路人行道绿化：珊瑚朴

狮山路人行道绿化：香樟、海桐、大叶黄杨

狮山路人行道绿化：三角枫、毛鹃

1.4 路侧绿化

■ 概念

在道路两侧位于人行道边缘至道路红线之间空间内种植植物为路侧绿化，该绿化带被称为路侧绿带。

■ 环境特点

1. 路侧绿带的环境条件与道路功能等级、相邻用地性质等紧密相关，其与相邻绿地统一规划，可形成较宽的绿化带，通常种植条件较好，可以营建丰富的植物群落，构成城市绿道或生态廊道。

2. 此绿带往往具有调蓄雨水的海绵功能，而该场地往往会有积水和干旱交替出现的情况。

■ 植物选择要点

1. 以乡土植物为主，乔木树种中常绿与落叶各占一定比例，以使季相变化分明，灌木多为观花、观果种类，草本植物以多年生为主，作为地被植物的灌木应具有常绿、耐修剪和覆盖性强的特点。

2. 乔、灌、草复层配植中，灌木和草本层注意选择耐阴和喜阴植物种类。

3. 雨水截留带、植草沟种植，应该选择耐淹力与耐旱力均较强的植物，可参考滨水绿化章节。

4. 路侧绿带主要承担护坡、降噪音等防护功能时，可参考防护绿化章节选择植物种类。

■ 推荐植物

表 2.4 路侧绿化适生植物推荐表

习性	植物名称
乔木	银杏、雪松、白皮松、水杉、落羽杉；枫杨、苦槠、青冈、白栎、柳叶栎、栓皮栎、德州栎、糙叶树、珊瑚朴、朴树、榉树（大叶榉）、杂种鹅掌楸（杂交马褂木）、广玉兰、二乔玉兰、望春玉兰、玉兰、香樟、浙江楠、紫楠、枫香、北美枫香、杜仲、楝、乌桕、黄连木、冬青、三角枫、七叶树、复羽叶栾树（黄山栾树）、无患子、光皮梾木、白檀、女贞、白花泡桐、毛泡桐、楸树、梓树、黄金树
小乔木和大灌木	日本五针松、罗汉松、南方红豆杉；杨梅、无花果、含笑、深山含笑、紫玉兰、蜡梅、蚊母树、碧桃、紫叶桃、梅、杏、日本晚樱、东京樱花、木瓜海棠、木瓜、枇杷、垂丝海棠、西府海棠、海棠花、北美海棠（道格、绚丽）、石楠、紫叶李、李、紫荆、湖北紫荆（巨紫荆）、加拿大紫荆、龙爪槐、香圆、柑橘、枸骨、无刺枸骨、卫矛、鸡爪槭、红枫、羽毛槭、木芙蓉、木槿、山茶、单体红山茶（美人茶）、结香、紫薇、石榴、重瓣红石榴、柿树、桂花、柊树、紫丁香、白丁香、华紫珠、木绣球、琼花、棕榈

习性	植物名称
灌木	铺地龙柏；海桐、红花檵木、火棘、小叶黄杨、龟甲冬青、卫矛、大叶黄杨、茶梅、金丝桃、夏鹃（紫鹃）、毛鹃、金森女贞、小蜡、金叶小蜡、银姬小蜡、狭叶栀子、大花六道木、南天竹、火焰南天竹
藤本	藤本月季、络石
草木	诸葛菜（二月兰）、肾形草（矾根）、红花酢浆草、柳叶马鞭草、林荫鼠尾草、松果菊、大吴风草、蒲苇、矮蒲苇、狗牙根、黑麦草、细叶芒、粉黛乱子草、狼尾草、细茎针茅、结缕草、金叶薹草、萱草、玉簪、紫萼、火炬花、阔叶山麦冬、金边阔叶山麦冬、山麦冬、麦冬、石蒜、葱兰、韭莲、蝴蝶花（日本鸢尾）、马蔺、鸢尾、大花美人蕉、金脉美人蕉、美人蕉

东沙湖生态公园路侧绿化：水杉

石湖风景区路侧绿化：复羽叶栾树

前进西路路侧绿化：楸树

莲池湖公园路侧绿化：木绣球

桐泾公园路侧绿化：二乔玉兰

东沙湖生态公园路侧绿化：鸡爪槭

馨泓路路侧绿化：杏、红叶石楠、金叶石菖蒲

寿桃湖路路侧绿化：桃、垂柳

寿桃湖路路侧绿化：垂丝海棠、红花檵木

滨河路路侧绿化：藤本月季、毛鹃

环山路路侧绿化：无患子

1.5 林荫路绿化

■ 概念

城市林荫路绿化是指在城市建成区道路上成行的乔木种植，至少使自行车道和人行道的林荫覆盖率达到 90%。

■ 环境特点

种植涉及两侧分车绿带、人行道绿带和路侧绿带，因此环境条件与上述绿带相同，但各绿带的净宽度应该在 2 米以上，以确保乔木有足够的生长空间。

■ 植物选择要点

选择树干端直、树形端正、分枝点高且一致、冠型宽大（伞形或卵形）优美、深根性且生长健壮、根蘖少、少飞絮、少落果坠叶等对行人不会造成危害、寿命较长、具有良好生态效益的树种。

■ 推荐植物

表 2.5 林荫路绿化适生植物推荐表

习性	植物名称
乔木	枫杨、糙叶树、珊瑚朴、朴树、榉树（大叶榉）、香樟、枫香、二球悬铃木（法国梧桐）、楝、乌桕、黄连木、七叶树、复羽叶栾树（黄山栾树）、无患子、光皮椆木、楸树

枫桥路林荫路绿化：枫香、枫杨

尚湖环路林荫路绿化：香樟

尚湖环路林荫路绿化：香樟、二球悬铃木

前进西路林荫路绿化：香樟、楸树

南施街林荫路绿化：香樟、无患子、广玉兰

现代大道林荫路绿化：香樟、无患子、榉树

第二节
滨水及水体绿化

　　河湖水体作为江南城市的典型特征，承载着独特的生态与文化价值。人类与生俱来的亲水情怀，使得河岸边的绿化空间成为市民心之所向的活动天地。正如《园冶·江湖地》所言："江干湖畔，深柳疏芦之际，略成小筑，足征大观也。"这片与水为邻的绿色天地，正是江南水乡城市的魅力所在。滨水游憩绿地多利用河、湖等水系沿岸分布，形成城市滨水绿带，它是城市的生态绿廊，具有生态效益和美化功能。对滨水及水体的绿化不仅仅是为了供人观赏，更是对生态功能与生物群落的呵护。保护和重建水体的生态功能，模仿自然水系的生态边缘，都是对大自然的敬畏与回馈。

2.1 滨水绿化

■ **概念**

在城市河、湖等水体沿岸易受水淹的绿化空间进行的植物植种为城市滨水绿化。该绿化区域也可包括高于丰水位、终年无水淹之患的近水区域，其上的绿化植物可为完全的陆生种类，可根据周边环境，参考其他章节来选择适生植物，本节不作具体推荐。

■ **环境特点**

1. 土壤通常含水率高，地下水位高或者会遭水淹没。
2. 随水岸高度不同而受淹程度不同，枯水位至常水位处受淹时间最长，常水位至丰水位则短期受淹。

■ **植物选择要点**

1. 选择耐湿、耐涝的植物。
2. 近常水位线选用强耐水淹植物，常水位与丰水位线之间从下至上依次选用中度至低耐水淹植物。

■ **推荐植物**

表 2.6 滨水绿化适生植物推荐表

习性	耐淹性	耐旱性 *	植物名称
乔木	强	强	落羽杉、池杉、墨西哥落羽杉、中山杉；垂柳、腺柳、旱柳、榔榆、构树、乌桕、白杜（丝绵木）、白蜡树
	强	中	水松；枫杨、江南桤木、豆梨、重阳木、水紫树
	中	中	湿地松；薄壳山核桃、麻栎、糙叶树、朴树、榉树（大叶榉）、三角枫、杜英、柿树、厚壳树
	中	低	水杉；香樟
	低	高	枫香、黄檀、臭椿、楝、黄连木
	低	中	侧柏；槐、香椿、无患子、喜树、女贞

习性	耐淹性	耐旱性 *	植物名称
小乔木和大灌木	强	强	柘、柽柳
	强	中	桑
	中	强	木芙蓉、夹竹桃、白花夹竹桃、水杨梅（细叶水团花）
	中	中	紫叶李、穗花牡荆、接骨木
	中	未知	山茱萸
	低	高	石楠
	低	中	龙爪槐、枸骨
灌木	强	强	杞柳、彩叶杞柳、海滨木槿
	中	强	山麻杆、木槿、栀子
	中	中	迎春花、枸杞
	中	低	大叶黄杨、六月雪
	低	高	火棘、檵木
	低	中	海桐、蚊母树、红花檵木、华北珍珠梅、小叶黄杨、胡颓子、小叶女贞、醉鱼草、大花六道木
	低	低	阔叶箬竹、日本珊瑚树（法国冬青）
草本	强	强	薄荷、红蓼、纸莎草
	强	中	鱼腥草、旋覆花、薏苡、大花美人蕉、水生美人蕉（粉美人蕉）、美人蕉
	强	低	接骨草、金钱蒲、金叶金线蒲、花菖蒲
	中	强	佛甲草、垂盆草、狗牙根、蓝羊茅、狼尾草、马蔺、鸢尾、玉蝉花
	中	中	虞美人、诸葛菜（二月兰）、紫花地丁、柳叶马鞭草、天人菊、百日草（菊）、蒲苇、黑麦草、芒、结缕草、吉祥草
	低	强	须苞石竹（美国石竹）、山桃草、美丽月见草、活血丹、大花金鸡菊
	低	中	美女樱、林荫鼠尾草、松果菊、黄金菊、大滨菊、萱草、玉簪、紫萼、山麦冬、麦冬、紫娇花
	低	低	石蒜
藤本	强	中	扶芳藤
	中	中	常春藤
	低	中	薜荔、木香花、藤本月季、五叶地锦、蔓长春花、忍冬（金银花）
	低	低	络石

注：* 响应海绵城市建设要求所设置的雨水调蓄设施中的雨水截留带、植草沟和雨水花园等种植场地，往往会有水淹与干旱交替出现的情况，适生植物选择不仅要考虑植物的耐淹力，还要考虑植物的耐旱力，因此本表也列出了植物的耐旱力，供设计者参考。

上海辰山植物园滨水绿化：墨西哥落羽杉

南湖湿地公园滨水绿化：池杉

虎丘湿地公园滨水绿化：旱柳、垂柳、池杉、落羽杉、墨西哥落羽杉

前进西路滨水绿化：水杉

虎丘湿地公园滨水绿化：花菖蒲

苏州公园滨水绿化：藤本月季

太湖国家湿地公园滨水绿化：紫叶李

黄菖蒲

垂柳

腺柳

水生美人蕉

2.2 水体绿化

■ 概念

在河、湖、池塘等水中的植物种植为水体绿化。

■ 环境特点

1. 水深是影响植物生长的主要因素，水体近岸至中央水深不同，适合不同类型的水生植物生长。

2. 水流速度也影响水生植物的生长，流速过快、风浪过大，则植物无法生长。另外底泥的养分、水的透明度也影响植物的生长。

■ 植物选择要点

根据种植区域的水深选择适生植物。

1. 在水深 0 至 1.5 米处，可以种植挺水植物。挺水植物指植物体的大部分生长在水面以上，而有一部分没入水中，并根扎于水底泥土中的水生植物。不同种类的挺水植物高度不一样，高大者可以生长在水较深处至浅水处，矮小者则只能生长于浅水处，因此选择时要加以区别。一般而言，大于 1 米的水深很少有适生的挺水植物种类。

2. 在水深 3 米以内处可以选择种植浮叶植物。浮叶植物的叶片浮在水面上，而根扎于水底泥土中，能够生长的范围比挺水植物广。但在浅水区域如果已有挺水植物生长，则浮叶植物易因光照不足而不能正常生长，所以两者不宜混合种植。

3. 沉水植物的植物体完全沉没在水中，且扎根于水底泥土中，可以生长到水深 4 至 5 米处。沉水植物能生长的水深范围会受到水体透明度的影响，在实践中，可通过水体生态的修复而使水体透明度增加，从而使沉水植物自然发生而不必人工种植。

推荐植物

表 2.7 水体绿化适生植物推荐表

生态类型	植物名称
挺水植物	三白草、莲（荷花）、千屈菜、黄花水龙、芦竹、花叶芦竹、荻、芦苇、菰（茭白）、泽泻、泽泻慈姑、慈姑、水烛、香蒲、水葱、梭鱼草、灯心草、黄菖蒲、常绿鸢尾、再力花
浮叶植物	芡实、萍蓬草、红睡莲、睡莲、菱角、金银莲花、荇菜
沉水植物	金鱼藻、穗状狐尾藻、黑藻、苦草、菹草、竹叶眼子菜

虎丘湿地公园水体绿化：荷花、菱角

太湖湖滨国家湿地公园水体绿化：芦苇

虎丘湿地公园水体绿化：水烛、睡莲

萍蓬草

梭鱼草

虎丘湿地公园水体绿化：荇菜

泽泻慈姑

金鱼藻

穗状狐尾藻

金银莲花

黑藻

立体绿化

　　在现代城市的紧凑空间中，地面绿化已无法满足居民对绿色空间的需求。立体绿化通过对建筑表面空间的巧妙利用，为我们开辟了全新的城市绿化途径。它涵盖了屋顶绿化、垂直绿化、沿口绿化和棚架绿化等多种形式，充分利用了闲置的建筑表面，多运用具吸附、攀援性植物覆绿，或在屋顶打造"空中花园"，极大地拓展了城市的绿化空间。立体绿化不仅提高了城市的绿化覆盖率和绿视率，为市民带来清新的视觉享受，更在降低建筑能耗、提升城市环境水平方面发挥了重要作用。

3.1 屋顶绿化

概念

屋顶绿化指在建（构）筑物顶部、天台、露台之上进行的绿化。

环境特点

1. 考虑到建筑物的承重能力，种植植物的土层不能很厚，而土层较薄则保持水分和养分的能力低，因此土壤表现出干旱瘠薄的特征。

2. 高出地面，通常少受遮挡，所以光照充分，有利于喜光植物生长。

3. 屋顶处在空中，白天接受太阳辐射迅速升温，而夜晚又迅速降温，即日温差与年温差均比地面大。

4. 空气流通好，对流快，风速比地面快，容易引起植物的倒伏、折断，水分容易流失。

植物选择要点

1. 耐旱、耐热、耐寒性强的草本、小灌木、大灌木和小乔木，不宜种植大乔木，大灌木和小乔木占比宜小，树木高度不超过 4 米。其次，种植土层厚度，草本地被应 10 厘米以上，小灌木应 30 厘米以上，大灌木、小乔木应 60 厘米以上。

2. 阳性、耐瘠薄、略耐水湿的浅根系植物。在某些特定的小环境中，如靠墙边处，可选择中生植物。

3. 抗风性强，不易倒伏的植物。

推荐植物

表 2.8 屋顶绿化适生植物推荐表

习性	植物名称
小乔木和大灌木	罗汉松；杨梅、含笑、蜡梅、枇杷、垂丝海棠、紫叶李、美人梅、紫荆、柑橘、白杜（丝绵木）、木槿、山茶＊、紫薇、石榴、桂花、穗花牡荆、日本珊瑚树（法国冬青）
小灌木	铺地龙柏、铺地柏；圆锥绣球＊、海桐、红花檵木、红叶石楠、火棘、小丑火棘、粉花绣线菊、珍珠绣线菊、棣棠、锦鸡儿、小叶黄杨、枸骨、龟甲冬青、卫矛、大叶黄杨、茶梅＊、金丝桃、胡颓子、矮紫薇、金森女贞、小叶女贞、小蜡、云南黄馨、醉鱼草、狭叶栀子＊、大花六道木、锦带花、紫叶小檗、南天竹＊
藤本	花叶蔓长春花＊
草本	佛甲草、垂盆草、美丽月见草、剑叶金鸡菊、松果菊、矮蒲苇、细叶芒、狼尾草、细茎针茅、金叶薹草、萱草

注：＊宜栽种在非全日照小环境中。

苏州中衡设计集团股份有限公司屋顶绿化

苏州中衡设计集团股份有限公司屋顶绿化

苏州中衡设计集团股份有限公司屋顶绿化

苏州中衡设计集团股份有限公司屋顶绿化

新区污水处理厂屋顶绿化

高新区科技产业园屋顶绿化

新区污水处理厂屋顶绿化

新区污水处理厂屋顶绿化

高新区科技产业园屋顶绿化

苏州大学实验学校第二幼儿园屋顶绿化

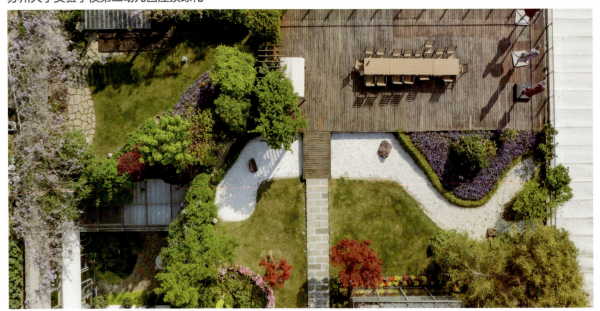

园区 BPO 研究中心屋顶绿化

西交利物浦大学图书馆屋顶绿化

芯汇湖大厦屋顶绿化

苏州市中级人民法院屋顶绿化

星湖国际广场屋顶绿化

环秀湖花园小区屋顶绿化

3.2 垂直绿化

■ 概念

垂直绿化指植物覆盖建（构）筑物垂直立面的绿化形式，包括攀援式和模块集装式等形式。

■ 环境特点

1. 藤蔓类植物攀援于墙面、篱墙、围栏、立交桥、棚架、石质护坡等立面的绿化为攀援式垂直绿化，其中有些藤蔓类植物具有气生根或吸盘，可吸附在建（构）筑物立面，另一些则通过卷须、缠绕等其他方式攀援，需要人工辅以牵引、固定等措施才能覆盖建（构）筑物立面。

2. 通过把栽植容器和灌溉系统组装于建（构）筑物立面来种植植物，达到绿化覆盖的绿化形式称为模块集装式垂直绿化，所用植物多不为藤蔓类。

■ 植物选择要点

1. 攀援式垂直绿化，选择浅根系、耐瘠薄、耐旱、耐寒性强的植物。区分立面性质，合理选择吸附、卷须、缠绕等不同类型的藤蔓类植物。

2. 模块集装式垂直绿化，选择多年生草本和小灌木，以观叶为主。

■ 推荐植物

表 2.9 垂直绿化适生植物推荐表

类型		习性	植物名称
攀援式	吸附类	藤本	薜荔、扶芳藤、五叶地锦、爬山虎（地锦）、洋常春藤、常春藤、络石、凌霄、厚萼凌霄（美国凌霄）
	其他类		木香花、黄木香、野蔷薇、藤本月季、常春油麻藤、忍冬（金银花）、京红久忍冬
模块集装式		灌木	红花檵木、红叶石楠、小叶黄杨、毛鹃、金森女贞、金叶女贞、银姬小蜡、大花六道木
		藤本	花叶络石、花叶蔓长春花
		草本	千叶兰（铁线兰）、肾形草（矾根）、四季秋海棠、大吴风草、金叶薹草、山麦冬、麦冬

上高路高架垂直绿化：爬山虎

启迪设计集团股份有限公司垂直绿化：爬山虎

大渔湾商业广场垂直绿化：爬山虎

相门古城墙垂直绿化：爬山虎、厚萼凌霄

上海植物园模块集装式垂直绿化

狮山路模块集装式垂直绿化

漫山岛院落垂直绿化：络石

金门路模块集装式垂直绿化

3.3 沿口绿化

概念

沿口绿化指在建（构）筑物边缘设置种植容器——种植槽、种植箱等，种植植物的绿化形式，主要包括高架沿口、窗台等绿化，以及地面道路、桥梁等隔离栏上设置种植容器的绿化。

环境特点

1. 种植容器预置或后置，可以置于沿口顶部或侧面呈悬挂式。

2. 沿口通常空旷、风较大，容易引起植物倒伏，也存在植物枝叶、花果空中坠落的现象。

植物选择要点

1. 宜选择花期长或观叶类型的矮灌木和藤蔓等。

2. 选择耐寒、耐旱、耐热、抗风的植物种类，并根据场地的光照条件选择阳性或耐阴种类。

3. 因地面隔离栏绿化采取随季节变换，变更植物种类绿化美化的灵活方式，而换下的植物可以于花木生产场所统一养护，所以不必考虑所选用植物的越冬和度夏问题。

推荐植物

表 2.10 沿口绿化适生植物推荐表

习性	植物名称
灌木	八仙花（绣球）*、圆锥绣球、月季（微型和多花品种）、变叶木*、北美冬青*、矮紫薇、蓝花丹（蓝雪花）*、金森女贞、云南黄馨、大花六道木
藤本	三角梅*、洋常春藤、花叶络石、花叶蔓长春花、何首乌
草本	羽衣甘蓝*、紫罗兰*、羽扇豆*、天竺葵*、非洲凤仙花*、四季秋海棠*、欧洲报春*、彩叶草*、一串红*、矮牵牛*、金鱼草*、万寿菊*

注：表中带*者，仅宜在地面隔离栏种植。

尚湖风景区围栏沿口绿化：矮牵牛

苏站路立体停车楼沿口绿化

广济北路高架沿口绿化：三角梅

苏站路沿口绿化：三角梅、变叶木、四季秋海棠

干将路沿口绿化：现代月季、非洲凤仙花

苏站路沿口绿化：三角梅、变叶木、四季秋海棠

干将路沿口绿化：八仙花、非洲凤仙花、洋常春藤

3.4 棚架绿化

■ 概念

棚架绿化是利用攀援植物覆盖各类棚架的一种绿化形式。

■ 环境特点

棚架的形态和攀援植物的观赏性使其不仅成为园林绿地中的景观，还成为人们休憩的场所。

■ 植物选择要点

1. 覆盖能力较强的缠绕类、卷须类多年生植物最宜用于棚架绿化。

2. 棚架绿化应兼顾观赏性，宜选用美观的花或果或叶的攀援植物。

■ 推荐植物

表 2.11 棚架绿化适生植物推荐表

攀援类型	植物名称
缠绕类	何首乌、木通、网络崖豆藤、常春油麻藤、紫藤、白花紫藤、忍冬（金银花）、京红久忍冬
卷须类	粉叶羊蹄甲、葡萄
吸附类	凌霄、厚萼凌霄（美国凌霄）
棘刺类	棣棠、木香花、黄木香、野蔷薇、藤本月季、七姊妹

马鞍山路棚架绿化：凌霄

盛泽湖月季园棚架绿化：藤本月季

塔园路地铁站棚架绿化：七姊妹

润元路棚架绿化：藤本月季

苏州中国花卉植物园棚架绿化：常春油麻藤

拙政园棚架绿化：木香花

亭林园棚架绿化：紫藤

城市防护绿化

城市绿化不仅仅关乎美观与生态的改善，更是城市安全与防护的重要屏障。通过绿篱、绿带或林带等形式，防护绿化担负起隔离、防护，减轻城市公害与自然灾害的使命。从安全隔离到道路及铁路防护，从高压走廊到公用设施，城市防护绿化的功能无处不在。而今，随着人们对城市生态环境质量的日益关注，城市防护绿化的功能正在向复合化方向转变，既起到安全隔离作用，又注重景观性营造，同时承担一种或多种功能，守护着城市的安宁与美好。

■ 概念

为了防污染、防火、防风、安全隔离、护堤、护坡等进行的植物种植称为防护绿化。

■ 环境特点

1. 护坡、护堤种植条件通常比较严酷，土壤可能受涝或出现干旱瘠薄的情况。

2. 其他防护绿化的种植条件多样而不确定，应通过实地观测而为做到适地适树提供依据。

■ 植物选择要点

1. 种植绿篱或树篱，应选择适于密植、耐修剪的种类；为了加强其隔离功能，还可选择带刺的种类。

2. 为了防火而进行的隔离种植，应选择燃点相对较高的难燃树种。

3. 防护林带的营建，应选择根系发达、速生、高大、可密植、适应性强的乔木，并数种混交，乔灌草结合，构建近自然群落。

■ 推荐植物

表 2.12 防护绿化适生植物推荐表

习性	植物名称
绿篱	蚊母树、椤木石楠、石楠、红叶石楠、火棘、枳、竹叶花椒、雀舌黄杨、小叶黄杨、枸骨、大叶黄杨、金边大叶黄杨、木槿、柞木、金森女贞、小叶女贞、小蜡、夹竹桃、白花夹竹桃、日本珊瑚树（法国冬青）
防火	竹柏；杨梅、青冈、枇杷、椤木石楠、冬青、大叶冬青、木荷、棕榈
防护林	湿地松、马尾松、圆柏、龙柏、刺柏、水杉、落羽杉、池杉、墨西哥落羽杉；加拿大杨、化香、栗（板栗）、香樟、刺槐、臭椿、红叶椿、南酸枣、刺楸、喜树、光亮山矾（四川山矾）、白花泡桐、毛泡桐
护堤、护坡	薜荔、火棘、锦鸡儿、马棘、盐肤木、扶芳藤、五叶地锦、爬山虎（地锦）、胡颓子、洋常春藤、常春藤、络石、凌霄、厚萼凌霄（美国凌霄）、狗牙根、白茅、细叶芒

通润巷绿篱：红叶石楠

启园绿篱：法国冬青

星湖街绿篱：夹竹桃

绿篱：枳

绿篱：大叶黄杨

绿篱：木槿

绿篱：小蜡

防火：冬青

防火：木荷

防火：枷木石楠

防火：枇杷

防护林：水杉

防护林：池杉

防护林：加拿大杨

姑苏区铁路防护林：夹竹桃、香樟

昆山天福铁路混交防护林

锡太公路工厂防护林：加拿大杨、香樟

护坡：络石

护坡：白茅

沪宜高速公路混交防护林

城市居住区与单位绿化

居住、办公、商住、卫生、学校等用地中的附属绿地，作为城市居民日常生活的亲密伙伴，其植物配置与景观营造显得尤为重要。这些绿地不仅关乎生态环境的改善，更承载着运动健身、文化展示、便民服务等多种功能。在植物配置过程中，不仅要追求美观的景观效果，还需兼顾服务功能，巧妙地融入活动空间，营造出宜人的林荫环境。只有以人为本，为民服务，才能为市民工作、学习、生活营造舒适的环境与温馨的家园。

■ **概念**

在居住、办公、商住、卫生、学校等用地中的附属绿地的植物种植为城市居住区与单位绿化。

■ **环境特点**

1.立地条件好，种植土壤通常能满足大多数绿化植物的生长需求。

2.立地多数与建筑物相邻，因此光照和温度分布不均匀，如建筑物之南面比北面光照充足，温度高。

■ **植物选择要点**

1.宜选用无毒、无害、少飞絮、无异味的植物，尤其是幼儿园、小学、儿童活动场所不可选用有毒、有刺植物，避免儿童误食、误伤；慎用风媒传粉与易致敏植物。

2.应广泛应用观花、观果、观叶类植物，适度增加鸟嗜植物、芳香植物，以提高城市生物多样性，增加城市居民的自然体验。

3.乔木应以落叶阔叶树为主，常绿乔木与落叶乔木的数量比例不宜大于1：4；在房屋南侧和道路两侧宜选择落叶乔木，以满足人们对日照、采光、通风、安全等需求；灌木可增加常绿植物的种类和数量。

4.建筑物北侧临近区域宜选用耐阴和喜阴植物，南侧临近区域宜选用喜光植物。

■ **推荐植物**

城市居住区与单位绿地中的不同区域绿化形式有一定的区别，房屋前后区域为庭院绿化，路旁为道路绿化，还可包含立体绿化、小游园、雨水花园等，而单位绿地中还可能有成片的较大空间营造林地。这里推荐庭院绿化适生植物和林植适生树种，其余类型请参考本书其他相关章节。

表 2.13 庭院适生植物推荐表

习性	植物名称
乔木	雪松、白皮松、黑松、金钱松、日本柳杉、竹柏；糙叶树、珊瑚朴、朴树、青檀、榔榆、榆树、榉树（大叶榉）、鹅掌楸（马褂木）、杂种鹅掌楸（杂交马褂木）、广玉兰、木莲、深山含笑、二乔玉兰、望春玉兰、玉兰、香樟、天竺桂、红楠、枫香、北美枫香、杜仲、大岛樱、东京樱花、合欢、黄檀、皂荚、红豆树、槐、金枝槐、柚子、香椿、乌桕、冬青、白杜（丝绵木）、三角枫、樟叶槭、梣叶槭（复叶槭）、五角枫、元宝槭、红花槭（美国红枫）、七叶树、无患子、拐枣（枳椇）、枣、梧桐、南紫薇、灯台树、毛梾、光皮梾木、柿树、油柿、秤锤树、女贞、布迪椰子

苏州市城市绿化适生植物应用

习性	植物名称
小乔木和大灌木	罗汉松、南方红豆杉、榧树；杨梅、含笑、月桂、银缕梅、桃、碧桃、菊花桃、洒金碧桃、梅、杏、迎春樱桃、钟花樱桃（寒绯樱）、樱桃、日本晚樱、木瓜海棠、木瓜、山楂、枇杷、山荆子、垂丝海棠、湖北海棠、西府海棠、海棠花、北美海棠（道格、绚丽）、李、美人梅、豆梨、沙梨、龙爪槐、香圆、柑橘、吴茱萸、花椒、黄栌、美国黄栌、无刺枸骨、大叶冬青、鸡爪槭、红枫、羽毛槭、单体红山茶（美人茶）、厚皮香、银薇、翠薇、石榴、重瓣红石榴、乌柿、老鸦柿、白檀、流苏树、桂花、白丁香、紫丁香、华紫珠、白棠子树、英蒾、木绣球、琼花
灌木	苏铁、日本五针松、铺地龙柏、铺地柏、洒金千头柏、千头柏；无花果、牡丹、紫玉兰、蜡梅、齿叶溲疏、八仙花（绣球）、银边八仙花、圆锥绣球、海桐、蜡瓣花、蚊母树、杨梅叶蚊母树、金缕梅、檵木、红花檵木、榆叶梅、麦李、郁李、贴梗海棠（皱皮木瓜）、白鹃梅、棣棠、重瓣棣棠、红叶石楠、金叶风箱果、火棘、小丑火棘、现代月季、华北珍珠梅、麻叶绣线菊、粉花绣线菊、金焰绣线菊、金山绣线菊、珍珠绣线菊、锦鸡儿、紫荆、白花紫荆、湖北紫荆（巨紫荆）、马棘、伞房决明、山麻杆、雀舌黄杨、小叶黄杨、龟甲冬青、卫矛、大叶黄杨、金边大叶黄杨、木芙蓉、木槿、杜鹃叶山茶、山茶、滇山茶、茶梅、格药柃、金丝桃、金丝梅、结香、胡颓子、金边胡颓子、矮紫薇、八角金盘、熊掌木、洒金桃叶珊瑚、红瑞木、夏鹃（紫鹃）、东鹃、毛鹃、乌饭树（南烛）、蓝花丹（蓝雪花）、金钟连翘、金钟花、探春花、云南黄馨、迎春花、浓香茉莉、金叶女贞、金森女贞、小叶女贞、小蜡、金叶小蜡、银姬小蜡、柊树、大叶醉鱼草、醉鱼草、海州常山、穗花牡荆、迷迭香、银石蚕（水果蓝）、枸杞、栀子、狭叶栀子、六月雪、金边六月雪、匍枝亮叶忍冬、大花六道木、金叶大花六道木、日本珊瑚树（法国冬青）、地中海荚蒾、西洋接骨木、接骨木、海仙花、锦带花、红王子锦带花、紫叶小檗、阔叶十大功劳、十大功劳、南天竹、火焰南天竹、凤尾丝兰
竹类	孝顺竹（慈孝竹）、凤尾竹、小琴丝竹、阔叶箬竹、箬竹、人面竹（罗汉竹）、龟甲竹、水竹、紫竹、菲白竹、大明竹、鹅毛竹、短穗竹
草本	肾蕨；鱼腥草、千叶兰（铁线兰）、鸡冠花、千日红、环翅马齿觉、须苞石竹（美国石竹）、西洋石竹、芍药、羽衣甘蓝、诸葛菜（二月兰）、八宝景天、佛甲草、垂盆草、肾形草（矾根）、红花酢浆草、蜀葵、锦葵、美丽月见草、金叶过路黄、芝樱（针叶福禄考）、美女樱、细叶美女樱、柳叶马鞭草、紫叶匍匐筋骨草、活血丹、薄荷、拟美国薄荷、翠芦莉（蓝花草）、桔梗、太平洋亚菊、朝雾草、菊花、大花金鸡菊、剑叶金鸡菊、波斯菊（秋英）、黄秋英、松果菊、黄金菊、大吴风草、天人菊、大滨菊、黑心金光菊、银叶菊、荷兰菊、百日草（菊）、狗牙根、杂交狗牙根、高羊茅、蓝羊茅、黑麦草、红毛草、狼尾草、东方狼尾草、紫叶绒毛狼尾草、细茎针茅、结缕草、金叶薹草、一叶兰、银边山菅兰、黄花菜、萱草、金娃娃萱草、玉簪、花叶玉簪、紫萼、火炬花、矮小山麦冬、阔叶山麦冬、金边阔叶山麦冬、山麦冬、麦冬、玉龙草、吉祥草、万年青、百子莲、忽地笑、长筒石蒜、石蒜、换锦花、稻草石蒜、玫瑰石蒜、紫娇花、葱兰、韭莲、射干、雄黄兰（火星花）、蝴蝶花（日本鸢尾）、马蔺、鸢尾、庭菖蒲、芭蕉、大花美人蕉、金脉美人蕉、美人蕉、白及

万科金域平江居住区绿化

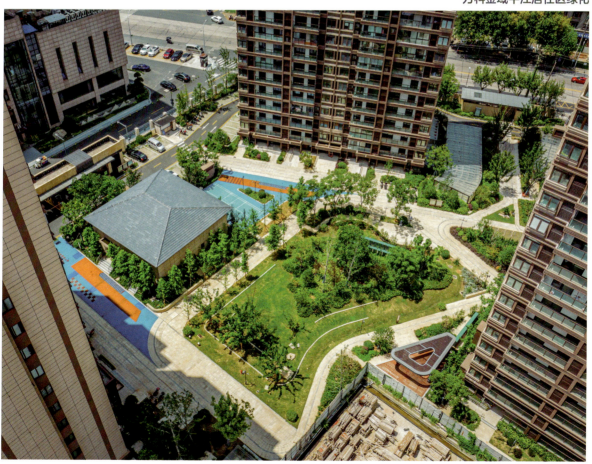

江南吉祥里居住区绿化

居住区绿化：鸡爪槭、红叶石楠、红花檵木

居住区绿化：榉树、毛鹃

居住区绿化：玉兰、红叶石楠、毛鹃

居住区绿化：鸡爪槭

宽阅雅苑居住区绿化

宽阅雅苑居住区绿化

居住区绿化：榉树、大叶黄杨、红叶石楠、毛鹃

居住区绿化：杂种鹅掌楸

居住区绿化：玉兰、法国冬青、红叶石楠、小叶黄杨

三元四村居住区绿化：七叶树

香城花园居住区绿化：香樟

香城花园居住区绿化：紫薇

香城花园居住区绿化：东京樱花·加拿大紫荆·雪松

华谊兄弟艺术家村居住区绿化

怡和花园居住区绿化

苏州工业园区金鸡湖学校绿化

苏州创意产业园绿化

南京师范大学苏州实验学校绿化

苏州工业园区纳米科技园绿化

江苏按察使署旧址绿化：二球悬铃木

苏州科技大学石湖校区绿化：重瓣棣棠、红枫、木绣球、垂丝海棠

苏州大学独墅湖校区绿化：二球悬铃木、日本晚樱、红叶石楠、毛鹃

苏州创意产业园绿化：香樟、朴树、红叶石楠

苏州科技大学石湖校区绿化：毛鹃、洒金桃叶珊瑚

苏州大学独墅湖校区绿化：香樟、杂种鹅掌楸、桂花、红叶石楠

表 2.14 林植适生植物推荐表

习性	植物名称
乔木	银杏、雪松、江南油杉、黑松、金钱松、日本柳杉、柳杉、水杉；栗（板栗）、糙叶树、紫弹树、珊瑚朴、朴树、榔榆、榆树、榉树（大叶榉）、鹅掌楸（马褂木）、杂种鹅掌楸（杂交马褂木）、乐昌含笑、香樟、天竺桂、浙江润楠、红楠、浙江楠、紫楠、檫木、枫香、北美枫香、黄檀、皂荚、红叶椿、楝、香椿、重阳木、乌桕、南酸枣、黄连木、三角枫、樟叶槭、梣叶槭（复叶槭）、五角枫、元宝槭、七叶树、无患子、拐枣（枳椇）、枣、毛梾、光皮梾木、油柿、白蜡树、白花泡桐、毛泡桐、楸树、梓树、黄金树
竹类	人面竹（罗汉竹）、黄槽竹、金镶玉竹、毛竹、红哺鸡竹、斑竹（湘妃竹）、金竹、乌哺鸡竹、黄竿乌哺鸡竹、黄纹竹、铺地竹

苏州农业职业技术学院绿化：水杉

苏州科技大学江枫校区绿化：水杉

香樟

榉树

朴树

棟

雪松

湿地松

复羽叶栾树

无患子

重阳木

第六节

花境

花境，一种融合自然与艺术的植物景观，近年来在城市绿化中崭露头角。它巧妙地结合了多种草花与灌木，再现了自然界中草本植物与灌木共生的群落景象。通过花卉与灌木的精心搭配，花境不仅展现了单株植物的个体美，还呈现了和谐共生的群体美。花境的多物种、多品种混合种植，使得城市绿地能够容纳更多的植物种类，为城市带来丰富多彩的园林景观。它不仅提高了城市生物的多样性，更激发了人们对优美环境的追求，满足了人们对美好生活的向往。

■ 概念

花境模拟了自然界中多种野生草本植物和灌木混交生长的群体状态，在带状或岛屿状区域内，以多年生花卉及灌木为主的多种植物的组合配植，是一种表现空间上高低错落、步移景异，时间上季相变化、多季可赏的植物造景。

按形状分类，花境有带状（或称线状）花境和岛状花境两类。带状花境可以沿路缘、道路分车带、林缘、篱缘、墙基等布置，分为单条和对应式两种。对应式花境是中间由道路或草坪等分隔开来的相对应的两行花境。岛状花境指布置在草坪上、交通安全岛上、庭院中、疏林下等团块状的独立式花境。

按选用植物材料分类，花境有草本花境、灌木花境、混合花境等。混合花境既种植草本植物又种植灌木，甚至种植小乔木。

■ 环境特点

1. 立地条件随花境种植床等周边环境而变，通常其土壤条件可以得到人工改良而适合所选用植物的生长。

2. 光照条件受其背景的影响较大，例如草坪中央应该是全光照条件，林缘、墙基的北侧等有一定的荫蔽。

3. 水分条件方面，雨水花园和滨水区域极可能会交替出现水淹与干旱，而分车道绿化带则干旱的情况较为普遍。

■ 植物选择要点

1. 花境植物选择应综合考虑场所、尺度、栽培养护、景观美学和持续性等因素。基于场所、尺度和栽培养护，考虑选用植物的生态习性和种类多样性；基于景观美学与持续性，考虑选用植物植株的高矮、叶片质地、叶片色彩及其季节性变化、花期及花色等。

2. 草本植物以抗性较强的宿根草本为主和适量的球根花卉。精细养护的花境可以适当增加一二年生花卉，而低维护花境则不宜选用。

3. 灌木及小乔木应选择生长缓慢而长期保持同一姿态的种类，或耐修剪易塑形的种类。

推荐植物

表 2.15 花境适生植物推荐表

习性	植物名称
灌木与小乔木	日本五针松、蓝湖柏、香冠柏、蓝冰柏、皮球柏、洒金千头柏、千头柏、罗汉松；杞柳、彩叶杞柳、八仙花（绣球）、银边八仙花、圆锥绣球、檵木、红花檵木、贴梗海棠（皱皮木瓜）、红叶石楠、火棘、小丑火棘、麻叶绣线菊、粉花绣线菊、金焰绣线菊、金山绣线菊、珍珠绣线菊、锦鸡儿、金雀儿、马棘、伞房决明、雀舌黄杨、小叶黄杨、一品红、黄金枸骨、无刺枸骨、龟甲冬青、金宝石冬青、北美冬青、鸡爪槭、红枫、羽毛槭、雀梅藤、朱槿、杜鹃叶山茶、山茶、茶梅、金丝桃、金丝梅、柽柳、结香、胡颓子、金边胡颓子、细叶萼距花、矮紫薇、矮紫薇（午夜）、菲油果、黄金串钱柳（黄金香柳）、垂枝红千层、八角金盘、熊掌木、洒金桃叶珊瑚、红瑞木、夏鹃（紫鹃）、东鹃、毛鹃、蓝花丹（蓝雪花）、金钟连翘、金钟花、探春花、云南黄馨、迎春花、浓香茉莉、小蜡、金叶小蜡、银姬小蜡、亮晶女贞、大叶醉鱼草、醉鱼草、穗花牡荆、迷迭香、银石蚕（水果蓝）、狭叶栀子、六月雪、金边六月雪、匍枝亮叶忍冬、大花六道木、金叶大花六道木、木绣球、琼花、地中海荚蒾、锦带花、红王子锦带花、紫叶小檗、南天竹、火焰南天竹、凤尾竹、红星朱蕉、凤尾丝兰
宿根草本	肾蕨；鱼腥草、三白草、八宝景天、佛甲草、垂盆草、肾形草（矾根）、天竺葵、非洲凤仙花、千屈菜、山桃草、芝樱（针叶福禄考）、细叶美女樱、美女樱、柳叶马鞭草、紫叶匍匐筋骨草、活血丹、薄荷、羽叶薰衣草、拟美国薄荷、蓝花鼠尾草、墨西哥鼠尾草、林荫鼠尾草、天蓝鼠尾草、绵毛水苏、五星花、翠芦莉（蓝花草）、矮生翠芦莉、太平洋亚菊、朝雾草、大花金鸡菊、剑叶金鸡菊、芙蓉菊、大丽花、松果菊、大麻叶泽兰、黄金菊、大吴风草、大滨菊、黑心金光菊、银叶菊、花叶芦竹、蒲苇、矮蒲苇、蓝羊茅、红毛草、细叶芒、斑叶芒、狼尾草、东方狼尾草、紫叶绒毛狼尾草、细茎针茅、金钱蒲、金叶石菖蒲、金叶薹草、旱伞草、灯心草、一叶兰、银边山菅兰、萱草、黄花菜、金娃娃萱草、玉簪、花叶玉簪、紫萼、火炬花、紫露草、紫鸭跖草（紫竹梅）、阔叶山麦冬、金边阔叶山麦冬、山麦冬、吉祥草、万年青、射干、蝴蝶花（日本鸢尾）、马蔺、鸢尾、玉蝉花、庭菖蒲、白及
球根、块根草本	红花酢浆草、紫叶酢浆草、桔梗、大花葱、百子莲、忽地笑、长筒石蒜、石蒜、换锦花、稻草石蒜、玫瑰石蒜、黄水仙、紫娇花、葱兰、韭莲、雄黄兰（火星花）、大花美人蕉、金脉美人蕉、水生美人蕉（粉美人蕉）、美人蕉
一二年生草本 *	鸡冠花、千日红、环翅马齿苋、须苞石竹（美国石竹）、西洋石竹、羽衣甘蓝、紫罗兰、羽扇豆、蜀葵、锦葵、熊猫堇、角堇、三色堇、四季秋海棠、欧洲报春、长春花、彩叶草、一串红、矮牵牛、香彩雀、毛地黄、钓钟柳、夏堇、矢车菊、波斯菊（秋英）、黄秋英、百日草（菊）
藤本	花叶络石、花叶蔓长春花、金叶番薯

注：*含多年生作为一二年生栽培种类。

苏州公园带状花境（单条式）

苏州市园林和绿化管理局带状花境（单条式）

上海植物园带状花境（单条式）

上海辰山植物园带状花境（对应式）

上海植物园带状花境（对应式）

上海植物园带状花境（单条式）

上海植物园带状花境（单条式）

上海植物园带状花境（单条式）

上海植物园岛状花境

上海植物园岛状花境

三香路岛状花境

苏州火车站北广场岛状花境

苏州市相城区人民政府岛状花境

第三章
CHAPTER 3
苏州市城市绿化适生植物图谱

为了更好地认识和了解苏州城市绿化适生植物的相关特性及应用信息，本章以图文结合的形式介绍了城市绿化植物 120 科 327 属 572 种（含品种），按乔灌木、草本、藤本分三大类。每类中植物的排序，以科为单位，按照 *Flora of China* 的植物分类系统的顺序依次排列，其中科内的属和种按拉丁名的字母顺序排列。

　　所选植物基于在苏州的绿化实践，适用于江苏南部和上海一带的城市绿化。其中也包括少量"不耐寒"种类，如果选用，冬季应采取防冻养护措施。此外，作者所知的有毒植物，也在文中注明；保护等级为所指植物的野生种群列入"国家重点保护野生植物名录"的等级。

第一节
SECTION 1
乔灌木

苏铁 苏铁科·苏铁属
Cycas revoluta

- 花期：6~7月
- 保护等级：一级
- 种子成熟：10月

形态特征 常绿木本植物。一般高2m，可达8m。羽状叶生于茎的顶部。雌雄异株。种子橘红色。

分　布 分布于福建、台湾、广东，各地有栽培。

生态习性 喜光，稍耐半阴；喜温暖，不耐寒；耐旱；喜肥沃、湿润的微酸性土壤。

绿化应用 观叶。多盆栽观赏。露地栽种冬季易受冻害。

银杏 银杏科·银杏属
Ginkgo biloba

- 花期：3月
- 保护等级：一级
- 种子成熟：9~10月
- 外种皮有毒

形态特征 落叶乔木。一般高9m，可达40m。叶扇形，具二叉状叶脉。雌雄异株；雄球花淡黄色，雌球花淡绿色。种子近球形。

分　布 原产我国，各地有栽培，国外也有引种。

生态习性 深根性。喜光；较耐寒；耐旱，不耐涝；喜湿润、排水良好的土壤，耐轻度盐碱。

绿化应用 观叶、观姿态。树形优美，秋季叶色鲜黄，园林绿化的珍贵树种，栽作独赏树、行道树等。

雪松 松科·雪松属
Cedrus deodara

形态特征	常绿乔木。一般高 12m，可达 50m。叶针形，在长枝互生，短枝簇生。雄球花椭圆状卵形，雌球花卵圆形。球果近卵圆形。
分　布	原产阿富汗至印度以及我国西藏的西南端，各地有栽培。
生态习性	浅根性。喜光，稍耐阴；喜气候温和凉润；宜深厚、排水良好的酸性土壤，耐轻度盐碱。
绿化应用	观姿态。树体高大，树形美观，世界著名的庭园树。

江南油杉 松科·油杉属
Keteleeria fortunei var. cyclolepis

● 保护等级：二级

形态特征	常绿乔木。一般高 10m，可达 20m。叶条形，在侧枝上排成两列。球果圆柱形，种翅中部或中下部较宽。
分　布	特产于我国东南至西南部。
生态习性	喜光，幼树稍耐阴；喜温暖多雨，稍耐寒；较耐旱；喜酸性土壤。
绿化应用	观姿态。树冠塔形，枝条开展，叶色常青，可作景观树种。

白皮松 松科·松属
Pinus bungeana

形态特征	常绿乔木。一般高 7m，可达 30m。针叶 3 针一束。球果圆锥状卵圆形，种子有短翅。
分　布	我国特有树种，各地有栽培。
生态习性	深根性。喜光，稍耐阴；宜气候温凉，喜深厚、肥润的钙质土和黄土，耐瘠薄。
绿化应用	观姿态。树姿优美，树皮白色或褐白相间，极为美观，优良的庭园树。

湿地松　松科·松属
Pinus elliottii

形态特征　常绿乔木。一般高 10m，可达 30m。针叶 2、3 针一束并存。球果圆锥形或窄卵圆形，种子卵圆形。
分　布　原产美国东南部，各地有栽培。
生态习性　强喜光，不耐阴；耐高温、耐寒；耐水湿，较耐旱；宜酸性至中性土壤，耐瘠薄，耐轻度盐碱。
绿化应用　观姿态。树形挺拔而枝叶茂密，可作为园林、自然风景区绿化树种。

马尾松　松科·松属
Pinus massoniana

形态特征　常绿乔木。一般高 7m，可达 45m。针叶 2 针一束，稀 3 针一束。球果卵圆形，种子长卵圆形。
分　布　我国南方林区常见树种，各地广泛栽培。
生态习性　深根性。喜光，不耐阴；喜温暖湿润气候；较耐旱；宜肥沃、深厚的酸性或砂质土壤，耐瘠薄。
绿化应用　观姿态。长江流域以南重要的荒山造林树种。

日本五针松　松科·松属
Pinus parviflora

形态特征　常绿乔木。一般高 2m，可达 25m。针叶 5 针一束。球果卵形，种子卵圆形，有长翅。
分　布　原产日本，我国引种栽培。
生态习性　稍耐阴；宜深厚、湿润、排水良好的土壤。
绿化应用　观姿态。生长缓慢，常为低矮乔木或灌木状，可与山石相配景或制作盆景。

黑松　松科·松属
Pinus thunbergii

形态特征　常绿乔木。一般高 7m，可达 30m。针叶 2 针一束。球果卵形，种子倒卵状椭圆形。

分　布　原产日本及朝鲜，我国引种栽培。

生态习性　喜光；喜凉润的温带海洋性气候；耐瘠薄，耐轻度盐碱。

绿化应用　观姿态。多作庭园树。

金钱松　松科·金钱松属
Pseudolarix amabilis

● 保护等级：二级

形态特征　落叶乔木。一般高 6m，可达 40m。叶条形，长短不等。球果卵形，种翅三角状披针形。

分　布　我国华东地区特有植物，各地广泛栽培。

生态习性　喜光，幼时稍耐阴；喜温暖、多雨环境；宜深厚、肥沃、排水良好的酸性土壤。

绿化应用　观叶、观姿态。树姿优美，秋后叶呈金黄色，世界著名的庭园树，也可作风景林。

日本柳杉　　杉科·柳杉属
Cryptomeria japonica

形态特征　常绿乔木。一般高 10m，可达 40m。叶钻形，直伸，通常不内弯。球果近球形，种子边缘有窄翅。

分　布　原产日本，我国引种栽培。

生态习性　浅根性。喜光；喜气候凉爽湿润、湿度大的环境，夏季酷热对其生长不利；耐瘠薄，耐轻度盐碱。

绿化应用　观姿态。树姿优美，枝叶茂密，粉绿色，常作观赏树种。

变　种　柳杉（*Cryptomeria japonica* var. *sinensis*）为我国特有树种，各地有栽培。与日本柳杉相比，本种的叶较长，先端向内弯曲。

水松　　杉科·水松属
Glyptostrobus pensilis

形态特征　半常绿乔木。一般高 10m，可达 25m。叶互生，线状薄片、线形和鳞形。球果卵圆形，种子椭圆形，下端有长翅。

分　布　我国特有树种，各地有栽培。

生态习性　深根性。喜光，不耐阴；喜温暖湿润的气候及水湿的环境，不耐寒；较耐旱；耐轻度盐碱。

绿化应用　观叶、观姿态。树形优美，良好的庭园树，可作湿地绿化树种。

● 保护等级：一级

水杉 杉科·水杉属
Metasequoia glyptostroboides

● 保护等级：一级

形态特征 落叶乔木。一般高 14m，可达 35m。叶条形，对生，呈羽状排列。球果近球形，种子周围有翅。
分　布 我国特有树种，各地广泛栽培。
生态习性 深根性。喜光；喜温暖湿润气候；较耐水湿，宜深厚、肥沃的酸性土，耐中度盐碱。
绿化应用 观叶、观姿态。树姿优美，著名的庭园树和城乡绿化树种。

落羽杉 杉科·落羽杉属
Taxodium distichum

形态特征 落叶乔木。一般高 13m，可达 50m。叶条形，互生，呈羽状排列。球果近球形，种子不规则三角形。
分　布 原产北美东南部，我国引种栽培。
生态习性 深根性。喜光；喜温暖湿润气候；耐旱，极耐水湿，能长于沼泽地上。
绿化应用 观叶、观姿态。树形整齐，枝叶秀丽，秋叶锈色，观赏价值高，适于湿地种植。

池杉 杉科·落羽杉属
Taxodium distichum var. imbricatum

形态特征 落叶乔木。一般高12m，可达25m。叶钻形，互生。球果近圆球形，种子不规则三角形。

分　布 原产美国东南部的沼泽地区，我国引种栽培。

生态习性 深根性。喜光，不耐阴；喜温暖湿润气候，极耐水湿，耐旱；耐中度盐碱。

绿化应用 观叶、观姿态。树形优美，秋叶锈色，观赏价值高的园林树种，特别适合湿地栽种。

墨西哥落羽杉 杉科·落羽杉属
Taxodium mucronatum

形态特征 常绿或半常绿乔木。一般高10m，可达50m。叶互生，条形，在小枝上排成羽状。球果卵圆形。

分　布 原分布于墨西哥及美国西南部，我国引种栽培。

生态习性 深根性。喜光，不耐阴；喜温暖湿润气候，较耐寒，耐旱，极耐水湿；耐中度盐碱。

绿化应用 观叶、观姿态。温暖地带低湿地区的造林树种和园林树种，叶在冬季变棕色而不凋落，观赏效果良好。

杂交品种 **中山杉**（*Taxodium* 'Zhongshanshan'）：由江苏省中国科学院植物研究所以落羽杉或池杉为母本，墨西哥落羽杉为父本，杂交、选育后获得的品种，叶线状条形。

蓝湖柏
Chamaecyparis pisifera 'Boulevard'
柏科·扁柏属

形态特征 常绿灌木，高 1~3m。叶对生或轮生，短针形，柔软，蓝绿色，白色气孔带明显。

分　布 日本花柏（*Chamaecyparis pisifera*）的栽培品种。原产日本本州岛和九州岛，我国引种栽培。

生态习性 耐半阴；不耐水湿；喜肥沃土壤；需避强风，很少需要修剪。

绿化应用 观叶、观姿态。可配植于花坛、花境中。

香冠柏
Cupressus macrocarpa 'Gloderest'
柏科·柏木属

形态特征 常绿灌木，柱状锥形，高 1~2m。生鳞叶的小枝四棱形，鳞叶冬季金黄色，春秋两季浅黄色，夏季浅绿色。

分　布 大果柏（*Cupressus macrocarpa*）的栽培品种。原产美国，我国引种栽培。

生态习性 耐半阴；喜冷凉气候，较耐高温；喜排水良好的土壤，耐轻度盐碱。

绿化应用 观叶、观姿态。可配植于花坛、花境中。

蓝冰柏
Cupressus glabra 'Blue Ice'
柏科·柏木属

形态特征 常绿小乔木，高 1~3m。生长缓慢，10 年生长约 4m，狭柱状锥形。鳞叶灰蓝色。

分　布 亚利桑那柏（*Cupressus glabra*）的栽培品种。原产北美，我国引种栽培。

生态习性 耐半阴；极耐寒；耐旱；喜排水良好的土壤。

绿化应用 观叶、观姿态。可配植于花坛、花境中。

圆柏
Juniperus chinensis

柏科·刺柏属

形态特征 常绿乔木。一般高6m，可达20m。叶有刺叶和鳞叶两种。雌雄异株，稀同株。球果近圆球形，种子卵圆形，无翅。

分　布 分布于华北、西北及长江流域，各地有栽培。

生态习性 深根性。喜光，耐阴；耐寒，耐热；较耐旱；宜中性、深厚、排水良好的土壤，耐瘠薄，耐轻度盐碱。

绿化应用 观姿态。普遍栽培的庭园树，多配植于庙宇处。

品　种 皮球柏（*Juniperus chinensis* 'Globosa'）为圆柏的栽培品种，矮型丛生圆球状灌木。枝密生。叶多为刺叶，间有鳞形。

品　种 龙柏（*Juniperus chinensis* 'Kaizuka'）为圆柏的栽培品种，小枝扭曲上升，宛如盘龙，因此得名。其叶全为鳞叶，与原种有所区别。

品　种 铺地龙柏（*Juniperus chinensis* 'Kaizuka Procumbens'）为圆柏的栽培品种，无直立主干，植株就地平展，叶多为鳞叶，少有刺叶。

刺柏 柏科·刺柏属
Juniperus formosana

形态特征 常绿乔木。一般高 6m，可达 12m。刺叶，三叶轮生。球果球形或卵状圆形，种子三角状椭圆形，无翅。

分　布 我国特有树种，各地有栽培。

生态习性 喜光，稍耐阴；耐寒；耐瘠薄，宜深厚、排水良好的砂质土壤。

绿化应用 观姿态。小枝下垂，树形秀丽，多栽培作庭园树。

铺地柏 柏科·刺柏属
Juniperus procumbens

形态特征 常绿灌木。高 1~2m。枝条延地面扩展，褐色，密生小枝。刺形叶三叶交叉轮生，条状披针形。球果近球形，种子有棱脊。

分　布 原产日本，我国引种栽培。

生态习性 喜光；在干燥的砂地上生长良好，喜石灰质的肥沃土壤。

绿化应用 观姿态。多栽培作庭园树。

侧柏
Platycladus orientalis

柏科·侧柏属

形态特征 常绿乔木。一般高 6m，可达 20m。叶鳞形。球果近卵圆形，蓝绿色；种子卵圆形，无翅或近有翅。
分　布 分布于华北、东北，各地有栽培。
生态习性 喜光，较耐阴；喜温暖湿润气候，耐寒；较耐旱；喜排水良好、湿润、深厚的土壤，耐中度盐碱，耐瘠薄。
绿化应用 观姿态。常栽培作庭园树。

品　种 **千头柏**（*Platycladus orientalis* 'Sieboldii'）和**洒金千头柏**（*Platycladus orientalis* 'Aurea Nana'），
为侧柏的丛生灌木型品种，前者鳞叶绿色，后者鳞叶淡黄色。

千头柏

洒金千头柏

竹柏
Nageia nagi

罗汉松科·竹柏属

- 花期：3~4 月
- 种子成熟：10 月

形态特征 常绿乔木。一般高 6m，可达 20m。叶对生，革质。种子圆球形，熟时假种皮暗紫色。

分　布 分布于华南、浙南、江西、福建、湖南、四川，各地有栽培。

生态习性 耐阴；喜温暖湿润气候；宜深厚、肥沃的酸性砂质土壤和轻粘土。

绿化应用 观姿态。树形美观，叶似竹叶，可种植于庭园中。

罗汉松
Podocarpus macrophyllus

罗汉松科·罗汉松属

- 花期：5 月
- 保护等级：二级
- 种子成熟：8~9 月

形态特征 常绿乔木。一般高 3m，可达 20m。叶条状披针形。种子卵状球形，熟时紫黑色；种托熟时红至紫红色。

分　布 分布于长江流域以南，各地有栽培。

生态习性 耐阴；耐寒性较弱，在华北地区无法露地越冬；喜排水良好的砂质土壤。

绿化应用 观姿态。树形优美，是优良的庭园树，也是制作盆景的好材料。

南方红豆杉　红豆杉科·红豆杉属
Taxus wallichiana var. mairei

- 花期：3~6月
- 保护等级：一级
- 种子成熟：9~11月

形态特征　常绿乔木。一般高5m，可达30m。叶排列成两列，条形。种子生于杯状红色肉质的假种皮中。
分　布　主要分布于长江以南及河南、陕西和甘肃以南地区，各地有栽培。
生态习性　喜阴；喜温暖湿润气候，不耐寒；宜深厚、肥沃的酸性土壤。
绿化应用　观姿态、观种子。株形端正，枝叶茂密，宜独植，也可群植。

榧树　红豆杉科·榧属
Torreya grandis

- 花期：4月
- 保护等级：二级
- 种子成熟：翌年10月

形态特征　常绿乔木。一般高5m，可达25m。叶条形，排成两列。种子椭圆形至倒卵圆形，熟时假种皮淡紫褐色。
分　布　我国特有树种，分布于长江以南地区，各地有栽培。
生态习性　耐阴；喜温暖湿润气候，不耐寒；宜深厚、肥沃的酸性土壤。
绿化应用　观姿态。树形整齐，枝叶茂密，为优美的观赏树。

加拿大杨 杨柳科·杨属
Populus × canadensis

- 花期：4 月
- 果期：5~6 月

形态特征 落叶乔木。一般高 12m，可达 30m。叶三角形或三角状卵形，幼时红色。果序长达 27cm，蒴果卵圆形。

分　布 我国除广东、云南、西藏外，各地广泛栽培。

生态习性 深根性。喜光；较耐寒；喜湿润、排水良好的冲击土，对水涝、盐碱、瘠薄土地均有一定耐性。

绿化应用 观姿态。用作道路旁绿化。速生，可营造防护林。意大利杨为此杂交种的多个栽培品种统称。

垂柳 杨柳科·柳属
Salix babylonica

- 花期：3 月
- 果期：4 月

形态特征 落叶乔木。一般高 8m，可达 18m。叶狭披针形。雌雄异株；花序先叶或与叶同时开放。种子有白色长毛。

分　布 分布于长江流域与黄河流域，各地广泛栽培。

生态习性 深根性。喜光；喜温暖湿润气候，较耐寒；耐水湿，耐旱；宜潮湿、深厚的酸性或中性土壤，耐轻度盐碱。

绿化应用 观姿态。细枝下垂，婀娜多姿，可与桃树相间种植于河岸边，形成桃红柳绿的江南春景。

腺柳 杨柳科·柳属
Salix chaenomeloides

- 花期：4 月
- 果期：5 月

形态特征 落叶乔木。一般高 8m，可达 15m。叶长圆状披针形，叶缘有腺锯齿。柔荑花序。蒴果，种子具毛。

分　布 分布于东北和中部地区，各地有栽培。

生态习性 喜光；耐寒；耐旱，耐水湿，喜生长于水边湿润处，根系长期浸没在水中也能很好地生长；耐轻度盐碱。

绿化应用 观姿态。水岸绿化的优良树种。

杞柳 杨柳科·柳属
Salix integra

- 花期：5月
- 果期：6月

形态特征 落叶灌木。高1~3m。叶近对生，椭圆状长圆形。柔荑花序，花先叶开放。蒴果具毛，种子具毛。
分　布 分布于河北、东北三省的东部及东南部，各地有栽培。
生态习性 喜光；耐寒；耐旱，耐水湿。
绿化应用 观叶。可作绿篱、地被。
品　种 **彩叶杞柳**（*Salix integra* 'Hakuro-nishiki'）为杞柳的彩叶品种，新叶具乳白和粉红色斑。

彩叶杞柳

旱柳 杨柳科·柳属
Salix matsudana

- 花期：4月
- 果期：4~5月

形态特征 落叶乔木。一般高8m，可达15m。叶披针形，基部窄圆形或楔形。花序与叶同时开放。蒴果。
分　布 广泛分布于平原地区，各地有栽培。
生态习性 喜光，不耐阴；耐寒性强；喜水湿，耐旱；在干瘠沙地、低湿河滩和弱盐碱地上均能生长。
绿化应用 观姿态。细枝下垂，婀娜多姿，可与桃树相间种植于河岸边，形成桃红柳绿的江南春景。

杨梅 杨梅科·杨梅属
Myrica rubra

- 花期：4月
- 果期：6~7月

形态特征 常绿小乔木。一般高5m，可达15m。叶片革质，倒卵状披针形。核果球状，外果皮肉质。
分　布 分布于长江以南各省，各地有栽培。
生态习性 深根性。喜光，耐半阴；喜温暖湿润气候，不耐寒；喜酸性、排水良好的土壤。
绿化应用 观姿态、观果。树冠圆整，优良的庭园树。

薄壳山核桃
Carya illinoinensis

胡桃科·山核桃属

- 花期：5 月
- 果期：9~11 月

形态特征 落叶乔木。一般高 10m，可达 50m。奇数羽状复叶。雄柔荑花序。坚果长椭圆形。

分　布 原产北美洲，我国引种栽培。

生态习性 深根性。喜光；喜温暖湿润气候，稍耐寒；耐水湿，较耐旱；耐轻度盐碱。

绿化应用 观叶、观果。优良的防护林和绿化树种，适栽培于河流、湖泊地区，也作行道树种植。

化香树
Platycarya strobilaceae

胡桃科·化香树属

- 花期：5~6 月
- 果期：7~8 月

形态特征 落叶乔木。一般高 6m，可达 20m。单数羽状复叶，互生。柔荑花序组成伞房状花序。果序直立，球果状，翅果。

分　布 分布于华东、华中、华南、西南等省区。

生态习性 喜光；在酸性、钙质土上均能生长，耐瘠薄。

绿化应用 观花、观果。可作荒山绿化先锋树种。

枫杨 胡桃科·枫杨属
Pterocarya stenoptera

- 花期：4~5 月
- 果期：9~10 月
- 叶有毒

形态特征 落叶乔木。一般高 10m，可达 30m。一回偶数、稀奇数羽状复叶，互生。柔荑花序，花单性，雌雄同株。翅果。

分　布 分布于陕西、河南及江南广大地区，各地有栽培。

生态习性 深根性。喜光；喜温暖湿润气候，较耐寒；耐水湿，较耐旱；耐轻度盐碱。

绿化应用 观姿态。极耐水湿，可用于潮湿低洼地绿化。叶有毒，能杀虫。

江南桤木 桦木科·桤木属
Alnus trabeculosa

- 花期：2~3 月
- 果期：8~10 月

形态特征 落叶乔木。一般高 5m，可达 10m。叶倒卵状矩圆形、倒披针状矩圆形或矩圆形。小坚果有翅。

分　布 分布于华东、华中、华南地区，各地有栽培。

生态习性 喜光；喜温湿气候；耐水湿，较耐旱；对土壤的适应性较强，耐轻度盐碱。

绿化应用 观姿态。用于河岸、湖畔、低湿处绿化，起到护岸、固土及改良土壤的作用。

栗（板栗） 壳斗科·栗属
Castanea mollissima

- 花期：5 月
- 果期：9~10 月

形态特征 落叶乔木。一般高 10m，可达 20m。叶卵状椭圆形，边缘有锯齿。壳斗球形具针刺，内包坚果 2~3 个。

分　布 分布于我国广大地区，各地有栽培。

生态习性 深根性。喜光，不耐阴；喜微酸性至中性、有机质多、排水良好、深厚的砂质土。

绿化应用 观花、观果。树冠圆广，枝茂叶大，可作绿化造林、水土保持树种。

苦槠　壳斗科·锥栗属
Castanopsis sclerophylla

- 花期：4~5月
- 果期：10~11月

形态特征　常绿乔木。一般高 8m，可达 15m。幼枝及叶无毛。叶长椭圆形。壳斗近全包，坚果近球形。

分　布　分布于长江以南各地，部分地方有栽培。

生态习性　深根性。喜光，耐阴；喜温暖湿润气候；宜深厚、湿润的中性至酸性土，耐干旱瘠薄。

绿化应用　观花、观果。可作风景林、防火林。

青冈　壳斗科·青冈属
Cyclobalanopsis glauca

- 花期：4月
- 果期：10月

形态特征　常绿乔木，一般高 6m，可达 20m。小枝及芽无毛。叶长椭圆形，背面常有白色单毛。壳斗碗形，有环纹，坚果椭圆形。

分　布　分布于我国广大地区。

生态习性　深根性。喜光，较耐阴；喜温暖多雨气候；常生于石灰岩的山冈，宜排水良好、腐殖质深厚的酸性土壤。

绿化应用　观花、观果。可作风景林、防火林、防风林等。

麻栎
壳斗科·栎属
Quercus acutissima

- 花期：4 月
- 果期：翌年 10 月

形态特征 落叶乔木。一般高 10m，可达 25m。叶椭圆状披针形，边缘有锯齿。壳斗杯形，坚果卵球形。

分　布 分布于我国广大地区。

生态习性 深根性。喜光；耐寒；较耐旱、水湿；适生于土壤肥厚、排水良好的山坡，耐轻度盐碱。

绿化应用 观叶、观姿态。树干通直，春季嫩叶鹅黄，夏叶浓绿色，秋叶橙褐色，季相变化明显，可作防护林、风景林。

白栎
壳斗科·栎属
Quercus fabri

- 花期：4 月
- 果期：10 月

形态特征 落叶乔木。一般高 8m，可达 20m。小枝被毛。叶倒卵形，边缘有波状钝齿，背面有绒毛。壳斗杯形，坚果椭圆状卵形。

分　布 分布于淮河以南、长江流域及以南地区。

生态习性 喜光；喜温暖气候；宜肥沃的土壤，耐干旱瘠薄。

绿化应用 观叶、观姿态。秋叶橙褐色，可作彩叶树种栽植。

柳叶栎
壳斗科·栎属
Quercus phellos

形态特征 落叶乔木。小枝红棕色。叶片全缘。雄花序下垂。壳斗浅杯形，坚果卵形至半球形。

分　布 原产北美，我国引种栽培。

生态习性 喜光，耐阴；在原产地生长于河岸、河流冲积平原，有时也生于排水不畅的高地，稍耐水湿。

绿化应用 观叶、观姿态。树冠开展，秋叶橙褐色，为观叶景观树种。

德州栎（娜塔栎） 壳斗科·栎属
Quercus texana

形态特征 落叶乔木。高 15~25m。圆形树冠。叶深绿色，叶深裂成尖刺状裂片，叶背脉腋处明显被簇生绒毛，11~12 月为红叶期。果实椭圆形。

分 布 原产美国中南部，我国引种栽培。

生态习性 喜光；宜湿润的酸性土，能适应各种土壤条件。

绿化应用 观叶、观姿态。树荫大，可作庭园树、路侧绿化。

栓皮栎 壳斗科·栎属
Quercus variabilis

- 花期：3~4 月
- 果期：翌年 9~10 月

形态特征 落叶乔木。一般高 10m，可达 30m。叶片卵状披针形或长椭圆形，背面被毛。坚果近球形或宽卵形。

分 布 分布于我国广大地区。

生态习性 深根性。幼树喜半阴，大树喜光；耐寒；耐干旱瘠薄；宜肥沃、排水良好的土壤，耐轻度盐碱。

绿化应用 观姿态。可作庭园树、行道树。

糙叶树 榆科·糙叶树属
Aphananthe aspera

- 花期：3~5 月
- 果期：10 月

形态特征 落叶乔木。一般高 8m，可达 25m。叶片纸质，卵形至狭卵形，两面均有糙伏毛，三出脉。核果近球形。

分 布 分布于我国广大地区，各地有栽培。

生态习性 喜光，稍耐阴；较耐旱；喜温暖湿润气候，宜潮湿、肥沃、深厚的酸性土壤。

绿化应用 观叶、观姿态。树干挺拔，树冠广展，宜作庭园树。

珊瑚朴　榆科·朴树属

Celtis julianae

- 花期：3~4 月
- 果期：9~10 月

形态特征　落叶乔木。一般高 8m，可达 30m。幼枝、叶柄、果柄密生黄色绒毛。叶片宽卵形至卵状椭圆形。核果金黄色。

分　布　分布于我国广大地区，各地有栽培。

生态习性　深根性。喜光，稍耐阴；喜温暖气候，宜湿润、肥沃的土壤，在微酸性土到碱性石灰岩山地均能生长。

绿化应用　观叶、观果、观姿态。可作庭园树、行道树。

朴树　榆科·朴树属

Celtis sinensis

- 花期：4~5 月
- 果期：9~10 月

形态特征　落叶乔木。一般高 9m，可达 20m。当年生小枝密被毛。单叶互生，三出脉。核果近球形，黄色。

分　布　分布于我国广大地区，各地有栽培。

生态习性　深根性。喜光，稍耐阴；较耐旱、水湿；喜温暖气候，宜肥沃、湿润、深厚的中性土壤，耐轻度盐碱。

绿化应用　观叶、观果、观姿态。可作庭园树、行道树。

青檀
Pteroceltis tatarinowii

榆科·青檀属

- 花期：3~5月
- 果期：8~10月

形态特征 落叶乔木。一般高8m，可达20m。单叶互生，叶片纸质，三出脉，边缘具不整齐锯齿。小坚果有翅。
分　布 分布于黄河及长江流域，各地有栽培。
生态习性 喜光，稍耐阴；耐干旱瘠薄，为喜钙植物，常生于石灰岩山地、山谷溪边疏林中。
绿化应用 观姿态。可作庭园树、石灰岩山地绿化造林树种。

榔榆
Ulmus parvifolia

榆科·榆属

- 花期：9月
- 果期：10~11月

形态特征 落叶乔木。一般高10m，可达25m。当年生小枝密生毛。单叶互生，叶片革质，三出脉。翅果椭圆形。
分　布 分布于长江流域以南和华北地区，各地广泛栽培。
生态习性 深根性。喜光；耐旱，耐水湿；耐瘠薄，耐轻度盐碱。
绿化应用 观叶、观果、观姿态。可作庭园树、行道树。

榆树
Ulmus pumila

榆科·榆属

- 花期：3月
- 果期：4月

形态特征 落叶乔木。一般高10m，可达25m。叶椭圆状卵形，叶面平滑无毛，叶背幼时有短柔毛。翅果近圆形，稀倒卵状圆形。
分　布 分布于东北、华北、西北及西南地区，各地广泛栽培。
生态习性 深根性。喜光；耐干冷气候；不耐水湿，能耐雨季水涝；耐瘠薄，耐中度盐碱。
绿化应用 观花、观果、观姿态。可作庭园树、行道树。

榉树（大叶榉）

榆科·榉属

Zelkova schneideriana

- 花期：4月
- 保护等级：二级
- 果期：9~10月

形态特征	落叶乔木。一般高8m，可达30m。幼枝有白柔毛。单叶互生，叶片纸质，边缘有桃形锯齿。核果近无柄。
分　布	分布于我国广大地区，各地广泛栽培。
生态习性	深根性。喜光；喜温暖气候；较耐旱、水湿；宜肥沃、湿润的土壤，耐轻度盐碱。
绿化应用	观叶、观姿态。苏州本地著名的庭园树，近年来多作行道树，其秋叶橙红，十分美观。

无花果

桑科·榕属

Ficus carica

- 花果期：5~7月

形态特征	落叶灌木。高3~10m。叶互生；叶片厚纸质，倒卵形，掌状脉。隐头花序。榕果梨形。
分　布	原产地中海沿岸，我国引种栽培。
生态习性	深根性。喜光；喜温暖湿润气候，不耐寒；耐瘠薄，耐中度盐碱。
绿化应用	观果。可作庭园树观赏。

柘
桑科·橙桑属
Maclura tricuspidata

- 花期：5~6 月
- 果期：9~10 月

形态特征 落叶灌木或小乔木。一般高 2m，可达 8m。枝有硬刺。叶片卵形。头状花序。聚花果近球形，红色。

分　布 分布于我国广大地区。

生态习性 耐阴；耐水湿；耐干旱瘠薄，喜钙质土，常生于阳光充足的荒坡、灌木丛，耐轻度盐碱。

绿化应用 观果。可作为绿篱种植；其果实熟时红色，有观赏价值，还能吸引鸟类取食。

桑
桑科·桑属
Morus alba

- 花期：4~5 月
- 果期：6~7 月

形态特征 落叶乔木。一般高 5m，可达 15m。叶卵形或卵圆形。柔荑花序。聚花果圆柱形，红色或黑紫色。

分　布 分布于我国中部和北部，现全国各地及全世界广泛栽培。

生态习性 深根性。喜光；耐寒；耐干旱瘠薄、水湿；耐中度盐碱。

绿化应用 观果。叶可用于养蚕；桑椹可以生食，也可酿酒。

三角梅
紫茉莉科·叶子花属
Bougainvillea glabra

- 温室栽培花期：9~12 月

形态特征 常绿灌木。高 0.5~2m。叶片纸质。苞片叶状，紫色或洋红色。花被管乳白色至淡黄色。

分　布 原产巴西，我国引种栽培。

生态习性 喜光；耐高温，不耐寒；耐干旱；耐瘠薄。

绿化应用 观花。多盆栽观赏。露地栽种冬季易受冻害。

牡丹
Paeonia suffruticosa

芍药科·芍药属

- 花期：4~5 月
- 果期：5~6 月

形态特征 落叶灌木。高 1~2m。叶互生，二回三出复叶，顶生小叶 3 裂。花顶生，花重瓣。蓇葖果长圆形。

分　布 分布于我国中原至西南地区，现全国各地及全世界广泛栽培。

生态习性 喜光，稍耐阴，但夏季应避免暴晒；喜温暖，畏酷热，耐寒；宜肥沃、排水良好的土壤。

绿化应用 观花。中国传统名花之一，世界著名观赏花，素有"花王"之美称，有两千多年的栽培历史及千余个栽培品种。

鹅掌楸（马褂木）
Liriodendron chinense

木兰科·鹅掌楸属

- 花期：4~5 月
- 果期：9~10 月
- 保护等级：二级

形态特征 落叶乔木。一般高 10m，可达 40m。单叶互生，叶片膜质或纸质，马褂状。聚合果纺锤状，小坚果具翅。

分　布 我国特有树种，各地有栽培。

生态习性 喜光；喜湿润气候，较耐寒；喜深厚、肥沃、适湿、排水良好的酸性土壤。

绿化应用 观叶、观姿态。树形端正，叶形似马褂，秋叶黄色，是优美的庭园树和行道树。

杂　交 **杂种鹅掌楸（杂交马褂木）**（*Liriodendron × sino-americanum*）为分布于中国的鹅掌楸与分布于北美的北美鹅掌楸的人工杂交种，用途与鹅掌楸相同。

广玉兰
Magnolia grandiflora

木兰科·木兰属

- 花期：5~6 月
- 果期：9~10 月

形态特征	常绿乔木。一般高 9m，可达 25m。叶厚革质，椭圆形。花被片 9~12 片，白色，荷花状。小蓇葖果卵圆形。
分　布	原产北美洲东南部，我国引种栽培。
生态习性	喜光，较耐阴；喜温暖湿润气候，稍耐寒；在肥沃、湿润的土壤上生长良好。
绿化应用	观花、观姿态。花大而芳香，为美丽的庭园绿化观赏树种。

木莲
Manglietia fordiana

木兰科·木莲属

- 花期：5 月
- 果期：10 月

形态特征	常绿乔木。一般高 8m，可达 20m。叶狭倒卵形或倒披针形。花被片 9 片，白色。聚合果卵球形。
分　布	分布于长江流域以南地区，各地有栽培。
生态习性	耐阴；喜酸性土壤。
绿化应用	观花。园林绿地观赏树种。

乐昌含笑 木兰科·含笑属
Michelia chapensis

- 花期：3~4 月
- 果期：8~9 月

形态特征 常绿乔木。一般高 12m，可达 30m。叶薄革质，叶柄无托叶痕。花被片 6 片，淡黄色。聚合果弯曲。

分　布 分布于华南、西南地区，各地有栽培。

生态习性 深根性。喜光，幼树喜侧方庇荫；低于 −8℃，枝梢受冻害；不耐旱和水淹；宜酸性土壤。

绿化应用 观花、观姿态。树姿优美、常绿、花香，是优良的庭园树。

含笑 木兰科·含笑属
Michelia figo

- 花期：3~4 月
- 果期：7~8 月

形态特征 常绿灌木。高 2~5m。芽、幼枝、叶柄、花梗均密被锈绒毛。叶革质。花被片 6 片，淡黄色。聚合果长柱形。

分　布 分布于华南南部地区，各地有栽培。

生态习性 喜弱荫；喜温暖湿润气候，稍耐寒；不耐旱；宜酸性土壤。

绿化应用 观花、观姿态。栽于庭园观赏。

深山含笑 木兰科·含笑属
Michelia maudiae

- 花期：3 月
- 果期：9~10 月

形态特征 常绿乔木。一般高 12m，可达 30m。芽、幼枝、叶背及苞片均被白粉。叶片革质。花被片 9 片，白色。聚合蓇葖果。

分　布 分布于华南、西南地区，各地有栽培。

生态习性 深根性。喜光，苗期需适当遮荫；喜温暖湿润气候；宜深厚、肥沃、湿润的酸性砂质土。

绿化应用 观花、观姿态。栽于庭园观赏。

二乔玉兰　木兰科·玉兰属
Yulania × soulangeana

- 花期：2~3月
- 果期：9~10月

形态特征　落叶乔木。一般高7m，可达12m。花先叶开放；花被片9片，红色，外轮3片花被片约为内轮长的2/3。聚合蓇葖果。

分　布　本种为玉兰与紫玉兰的杂交种，在国内外庭园中普遍栽培。

生态习性　喜光，稍耐阴；耐寒；较耐旱；宜肥沃、湿润的土壤。

绿化应用　观花。可作庭园树。

望春玉兰　木兰科·玉兰属
Yulania biondii

- 花期：3月
- 果期：9~10月

形态特征　落叶乔木。一般高7m，可达12m。花先叶开放；花被片9片，外轮3片萼片状，紫红色；中内两轮近匙形，白色。聚合蓇葖果。

分　布　分布于华中、西南地区，各地有栽培。

生态习性　喜光，稍耐阴；耐寒；较耐旱；宜肥沃、湿润的土壤。

绿化应用　观花。可作庭园树。

玉兰
Yulania denudata
木兰科·玉兰属

- 花期：2~3 月
- 果期：8~9 月

形态特征 落叶乔木。一般高 8m，可达 25m。花先叶开放，花被片 9 片，匙形，白色，或基部带粉色。聚合蓇葖果。

分　布 分布于江西、浙江、湖南、贵州，全国各地有栽培。

生态习性 喜光，稍耐阴；较耐寒；喜湿润、排水良好的弱酸性土，弱碱性土也能生长。

绿化应用 观花。花大而洁白芳香，为著名庭园树。

紫玉兰
Yulania liliiflora
木兰科·玉兰属

- 花期：3~4 月
- 果期：8~9 月

形态特征 落叶灌木。高 2~3m。花叶同时开放；花被片 9~12 片，外轮 3 片萼片状，仅中内轮长的 1/3，中内轮花被片外紫内白。聚合蓇葖果。

分　布 分布于华南、华中、西南地区，各地有栽培。

生态习性 喜光；不耐严寒；不耐旱；宜肥沃、湿润、排水良好的土壤，忌积水。

绿化应用 观花。著名庭园树。

蜡梅
蜡梅科·蜡梅属
Chimonanthus praecox

- 花期：11月～翌年3月
- 果期：5~6月
- 果有毒

形态特征　落叶灌木。高2~4m。茎、枝方形。叶椭圆状卵形至长椭圆状披针形，叶面有硬毛。花被片蜡质，黄色。果托坛状。

分　布　分布于我国广大地区，各地有栽培。

生态习性　喜光，稍耐阴；较耐寒；耐旱，忌水湿。

绿化应用　观花。寒冬开花、幽香袭人，适宜庭园栽植，也是冬季插花、制作盆景的良材。

香樟
樟科·樟属
Cinnamomum camphora

- 花期：4~5月
- 果期：10月～翌年3月

形态特征　常绿乔木。一般高10m，可达30m。叶卵形，离基三出脉，脉腋有腺体。圆锥花序，花淡黄色。果球形。

分　布　分布于长江以南及西南，南方各省多数栽培。

生态习性　喜光，稍耐阴；喜温暖湿润气候，耐寒性不强；较耐旱、水湿；耐轻度盐碱。

绿化应用　观姿态。树形美观，枝叶浓密，宜作行道树和防风林种植。

天竺桂　樟科·樟属
Cinnamomum japonicum

- 花期：4~5月
- 果期：7~9月　　● 保护等级：二级

形态特征　常绿乔木。一般高8m，可达15m。叶近对生或在枝条上部者互生。果长圆形。
分　布　分布于长江流域以南地区。
生态习性　喜光，幼年期耐阴；喜温暖湿润气候；宜排水良好的微酸性土壤。
绿化应用　观姿态。可作庭园绿化植物。

月桂　樟科·月桂属
Laurus nobilis

- 花期：4月
- 果期：9~10月

形态特征　常绿小乔木。一般高6m，可达12m。叶互生。雌雄异株；伞形花序，花黄色。核果椭圆球形。
分　布　原产地中海地区，我国引种栽培。
生态习性　稍耐阴；喜温暖湿润气候；耐旱；宜深厚、肥沃、排水良好的土壤。
绿化应用　观花、观姿态。可作庭园绿化植物。

浙江润楠　樟科·润楠属
Machilus chekiangensis

- 花期：4~5月
- 果期：6~7月

形态特征　常绿乔木。一般高6m，可达12m。叶聚生小枝枝梢，倒披针形。嫩果球形，绿色。
分　布　分布于杭州，部分地方有栽培。
生态习性　稍耐阴；喜温暖湿润气候；宜肥沃的中性、微酸性土壤。
绿化应用　观叶、观果、观姿态。本种为珍贵的园林绿化观赏树种。

红楠 樟科·润楠属
Machilus thunbergii

- 花期：2 月
- 果期：7 月

形态特征	常绿乔木。一般高 8m，可达 20m。叶片厚革质，倒卵形或椭圆形。果球形。
分　布	分布于长江流域、西南地区，部分地方有栽培。
生态习性	深根性。稍耐阴；多生于湿润阴坡、山谷和溪边，喜中性、微酸性而多腐殖质的土壤。
绿化应用	观叶、观果、观姿态。可用于防风林树种，也可作为庭园树。

浙江楠 樟科·楠属
Phoebe chekiangensis

- 花期：4~5 月
- 果期：9~10 月
- 保护等级：二级

形态特征	常绿乔木。一般高 8m，可达 20m。小枝具棱，密被黄褐色柔毛。叶倒卵状椭圆形或倒卵状披针形。圆锥花序。果椭圆状卵形。
分　布	分布于浙江、福建、江西，部分地方有栽培。
生态习性	深根性。喜光，耐阴；喜温暖湿润气候；宜湿润、排水良好的微酸性及中性土壤。
绿化应用	观姿态。树身高大，枝条粗壮，叶四季青翠，可作绿化树种。

紫楠
樟科·楠属
Phoebe sheareri

- 花期：4~5月
- 果期：9~10月

形态特征 常绿乔木。一般高10m，可达20m。小枝、叶柄、花序及花被片密被黄褐柔毛。叶倒卵形或椭圆状倒卵形。果卵圆形。

分　布 分布于长江流域及以南地区。

生态习性 深根性。喜光，耐阴；喜温暖湿润气候，较耐寒；宜深厚、肥沃、湿润、排水良好的微酸至中性土壤。

绿化应用 观姿态。株形优美，常绿，在城乡绿地中值得推广应用。

檫木
樟科·檫木属
Sassafras tzumu

- 花期：3~4月
- 果期：5~9月

形态特征 落叶乔木。一般高10m，可达20m。树皮幼时黄绿色，老时变灰褐色。叶互生，卵形。花黄色。果球形。

分　布 分布于华东、华南、华中、西南地区，部分地区有栽培。

生态习性 深根性，速生。喜光，不耐阴；喜温暖湿润气候；宜深厚、肥沃、湿润、排水良好的酸性土壤。

绿化应用 观花、观姿态。植株生长迅速、树形美观，为观赏名木之一，也可用于造林。

齿叶溲疏　虎耳草科·溲疏属
Deutzia crenata

- 花期：4~5 月
- 果期：8~10 月

形态特征　落叶灌木。高 1~3m。叶片纸质，卵形或卵状披针形，具细齿。花白色。蒴果半球形。

分　布　原产日本，我国引种栽培。

生态习性　喜光，稍耐阴；喜温暖气候，较耐寒。

绿化应用　观花。花朵洁白，初夏盛开，繁密而素净，为普遍栽培的优良花灌木。

八仙花（绣球）　虎耳草科·绣球属
Hydrangea macrophylla

- 花期：6~8 月

形态特征　落叶灌木。高 1~4m。叶纸质或近革质，对生。伞房状聚伞花序，不孕花多数，孕性花极少数。

分　布　分布于长江流域及西南地区，各地广泛有栽培。

生态习性　喜阴；喜温暖气候，不耐寒；宜深厚、肥沃、湿润、排水良好的酸性土壤。

绿化应用　观花。本种有较多的园艺品种，花序大而美丽，观赏性强。

品　种　**银边八仙花**（*Hydrangea macrophylla* 'Maculata'）为八仙花的品种，仅花序周围为不孕花，中央有大量孕性花。

银边八仙花

圆锥绣球　虎耳草科·绣球属
Hydrangea paniculata

- 花期：7~8 月
- 果期：10~11 月

形态特征　落叶灌木。高 1~5m。叶对生。圆锥状聚伞花序尖塔状。花白色，多为不孕花。

分　布　分布于我国广大地区，各地有栽培。

生态习性　耐阴；多生于溪边或较湿处，耐寒性不强。

绿化应用　观花。常用于庭园种植。

海桐
Pittosporum tobira

海桐花科·海桐花属

- 花期：5 月
- 果期：10 月

形态特征	常绿灌木。高 2~6m。叶狭倒卵形。伞形花序。花白色，后变黄色。蒴果近球形。
分　布	分布于长江以南滨海各省，各地有栽培。
生态习性	喜光，略耐阴；喜温暖湿润气候；较耐旱；宜肥沃、润湿的土壤，耐轻度盐碱。
绿化应用	观花、观姿态。对二氧化硫等有害气体有较强的抗性，常用于南方城市及庭园种植。

蜡瓣花
Corylopsis sinensis

金缕梅科·蜡瓣花属

- 花期：3~5 月
- 果期：8~9 月

形态特征	落叶灌木。高 4~5m。芽及幼枝被柔毛。叶倒卵形。总状花序。蒴果近球形，被褐色柔毛。
分　布	分布于长江以南各省。
生态习性	耐半阴；喜温暖湿润气候，较耐寒；宜肥沃、润湿、排水良好的酸性土壤。
绿化应用	观花。本种为珍贵的观赏树种。

蚊母树　　金缕梅科·蚊母树属
Distylium racemosum

- 花期：3~4 月
- 果期：8~10 月

形态特征　常绿灌木。高 2~5m。小枝和芽有盾状鳞片。叶片革质，椭圆形或倒卵形。总状花序，被星状鳞毛。
分　布　分布于华南地区，各地有栽培。
生态习性　稍耐阴；喜温暖湿润气候；较耐旱；宜肥沃、润湿、排水良好的土壤，耐轻度盐碱。
绿化应用　观姿态。常在城市绿地中栽作绿篱。

杨梅叶蚊母树　　金缕梅科·蚊母树属
Distylium myricoides

- 花期：3~4 月
- 果期：8~9 月

形态特征　常绿灌木或小乔木。高 2~5m。单叶互生，叶片革质，椭圆形或倒卵形。总状花序。
分　布　分布于华南、华中、西南地区，各地有栽培。
生态习性　稍耐阴；喜温暖湿润气候；较耐旱；宜肥沃、润湿、排水良好的土壤，耐轻度盐碱。
绿化应用　观姿态。常作绿篱和庭园树。

金缕梅　　金缕梅科·金缕梅属
Hamamelis mollis

- 花期：3~4 月
- 果期：10 月

形态特征　落叶灌木。高 3~8m。嫩枝有星状绒毛。叶片纸质或薄革质。头状或短穗状花序。蒴果卵圆形。
分　布　分布于华南、华中地区，各地有栽培。
生态习性　喜光，耐半阴；喜温暖湿润气候，较耐寒，畏炎热；宜酸性至中性土壤。
绿化应用　观花。花先叶开放，金色的花朵成簇地生于枝头，十分美观，是著名的观花树种。

枫香
Liquidambar formosana

金缕梅科·枫香属

- 花期：4~5月
- 果期：10月

形态特征 落叶乔木。一般高10m，可达40m。小枝皮淡灰色。叶片常为掌状3裂。球形果序，蒴果木质。

分　布 分布于我国广大地区，各地广泛栽培。

生态习性 喜光，幼树耐阴；喜温暖湿润气候；宜深厚、润湿、排水良好的酸性土壤，耐干旱瘠薄。

绿化应用 观叶。耐火性强，入秋叶变红色，为林区防火及绿化观赏树种。

北美枫香
Liquidambar styraciflua

金缕梅科·枫香属

- 花期：4~5月
- 果期：10月

形态特征 落叶乔木。一般高10m，可达40m。小枝红褐色。叶片掌状5~7裂。球形果序，蒴果球形。

分　布 原产北美，我国引种栽培。

生态习性 喜光，不耐阴；不耐寒；喜深厚、湿润、肥沃的土壤，避免碱性土。

绿化应用 观叶。叶色夏季嫩绿，秋季呈橘黄色、红色和紫色等，观赏价值高，为著名的色叶树种。

檵木　金缕梅科·檵木属
Loropetalum chinense

- 花期：3~4 月
- 果期：8 月

形态特征　常绿灌木。高 2~5m。小枝有锈色星状毛。叶革质。花瓣 4 枚，淡黄白色，带状线形。蒴果褐色。
分　布　分布于华东、华南、西南地区。
生态习性　耐半阴；喜温暖湿润气候；耐旱；耐瘠薄，耐轻度盐碱。
绿化应用　观花。多栽培用于绿化，老树桩可作盆景。

红花檵木　金缕梅科·檵木属
Loropetalum chinense var. rubrum

- 花期：3~4 月
- 果期：8 月

形态特征　常绿灌木。高 1~3m。幼叶淡红色，老叶暗紫色或暗绿色，叶背密生星状柔毛。花红色。蒴果褐色。
分　布　为檵木变种，各地广泛栽培。
生态习性　喜光，耐半阴；喜温暖湿润气候；较耐旱；耐瘠薄，耐轻度盐碱。
绿化应用　观花、观叶。因其萌芽力和发枝力强，耐修剪蟠扎，常用作绿化和制作盆景。

银缕梅　金缕梅科·银缕梅属
Shaniodendron subaequale

- 花期：3~4 月
- 果期：8~10 月
- 保护等级：一级

形态特征　落叶乔木。一般高 6m，可达 15m。裸芽及幼枝被星状毛。单叶互生。花先叶开放，花序短穗状。蒴果。
分　布　分布于华中、华南地区，部分地方有栽培。
生态习性　喜光；生于山坡林中，喜石灰质土壤。
绿化应用　观叶。珍稀树种。秋季叶为紫红色和黄色，是优良的观赏树种。

杜仲 　杜仲科·杜仲属
Eucommia ulmoides

- 花期：3~4 月
- 果期：9~10 月

形态特征 落叶乔木。一般高 7m，可达 15m。枝、叶折断处有白色细丝。叶互生。花先叶开放。翅果扁平。

分　布 分布于长江中下游各地区，部分地方有栽培。

生态习性 喜光；喜温暖湿润气候，耐寒；稍耐干旱瘠薄，稍耐酸性至微碱性土壤。

绿化应用 观姿态。树干直，枝叶茂密，可作庭园树、行道树。

二球悬铃木 　悬铃木科·悬铃木属
Platanus × acerifolia

- 花期：5 月
- 果期：9~10 月

形态特征 落叶乔木。一般高 9m，可达 35m。树皮光滑，大片块状脱落。叶阔卵形，掌状 5 裂。头状花序。球状果通常 2 个 1 串，偶有 3 个 1 串或单个。

分　布 本种是三球悬铃木（*Platanus orientalis*）与一球悬铃木（*Platanus occidentalis*）的杂交种，我国各地引种栽培。

生态习性 喜光，不耐阴；喜温暖湿润气候；耐干旱瘠薄，耐水湿。

绿化应用 观叶、观姿态。常栽作行道树。

桃
Amygdalus persica

蔷薇科·桃属

- 花期：3~4 月
- 果期：6~9 月

形态特征 落叶乔木。一般高 3m，可达 8m。叶披针形，叶缘具锯齿。花单生，先于叶开放。核果密被毛。
分　布 原产我国，世界各地均有栽培。
生态习性 喜光；较耐寒；耐旱，不耐水湿；喜肥沃、排水良好的土壤，碱性与重黏土则均不适宜。
绿化应用 观花。花美，为著名观花树种。

苏州栽培的观赏桃品种主要有**碧桃**（*Amygdalus persica* 'Duplex'）、**菊花桃**（*Amygdalus persica* 'Kikumomo'）、**洒金碧桃**（*Amygdalus persica* 'Versicolor'）、**紫叶桃**（*Amygdalus persica* 'Atropurpurea'）等。

榆叶梅
Amygdalus triloba

蔷薇科·桃属

- 花期：3~4月
- 果期：6~7月

形态特征 落叶灌木。高 2~3m。叶宽椭圆形至倒卵形。花单生，粉红色。核果近球状。
分　布 分布于我国广大地区，各地广泛栽培。
生态习性 喜光；耐寒；耐旱，不耐水湿；耐微碱性土壤。
绿化应用 观花、观果、观叶均可，适宜独植也可与其他植物配植。

梅
Armeniaca mume

蔷薇科·杏属

- 花期：2~3月
- 果期：5~6月

形态特征 落叶小乔木。一般高 3m，可达 8m。小枝绿色，光滑无毛。花先于叶开放。核果被毛。
分　布 原产我国南方，现全国各地栽培，以长江流域及以南地区最多。
生态习性 喜光；喜温暖湿润气候，较耐寒；耐瘠薄；耐微酸性、微碱性土壤。
绿化应用 观花。传统名花，露地栽培或制作盆景观赏。

杏
蔷薇科·杏属
Armeniaca vulgaris

- 花期：3~4 月
- 果期：5~7 月

形态特征 落叶小乔木。一般高 3m，可达 10m。叶宽卵形或圆卵形。花先于叶开放，花白色或带红色。核果球形。

分　布 分布于东北、华北、西北、西南及长江中下游地区，多数为栽培。

生态习性 喜光；耐寒，耐热；对土壤要求不严，不耐涝。

绿化应用 观花。花繁茂美观，成片种植尤佳。

钟花樱桃（寒绯樱）
蔷薇科·樱属
Cerasus campanulata

- 花期：2~3 月
- 果期：4~5 月

形态特征 落叶小乔木。一般高 3m，可达 5m。伞形花序，先叶开放。核果卵圆形。

分　布 分布于长江以南地区，各地广泛栽培。

生态习性 喜光；较耐寒；喜肥沃、排水良好的土壤。

绿化应用 观花。早春着花，颜色鲜艳，供观赏用。

迎春樱桃
蔷薇科·樱属
Cerasus discoidea

- 花期：3 月
- 果期：5 月

形态特征 落叶小乔木。一般高 3m，可达 5m。叶卵形。伞形花序，先叶开放。核果卵圆形。

分　布 分布于华中、华南地区，部分地方有栽培。

生态习性 喜光；较耐寒；喜肥沃、排水良好的土壤。

绿化应用 观花。枝条纤细、花繁密、花期早，具极高的观赏价值。

麦李
Cerasus glandulosa

蔷薇科·樱属

- 花期：3~4 月
- 果期：5~6 月

形态特征	落叶灌木。高 2~3m。叶长圆披针形，先端渐尖，基部楔形。花先于叶或与叶同放。核果近球形。
分　布	分布于我国广大地区，各地有栽培。
生态习性	喜光；较耐寒，可露地栽培过冬；耐瘠薄。
绿化应用	观花。可作庭园观赏植物，宜于草坪、路边、假山旁及林缘丛植。

郁李
Cerasus japonica

蔷薇科·樱属

- 花期：5 月
- 果期：7~8 月

形态特征	落叶灌木。高 1~2m。叶边缘有锯齿。花叶同放或花先叶开放。核果近球状，深红色。
分　布	分布于华北、华中、华南地区，部分地方有栽培。
生态习性	喜光；耐严寒；抗旱、抗湿力均强；对土壤要求不严。
绿化应用	观花。多丛植于庭园，观赏其花。

樱桃
Cerasus pseudocerasus

蔷薇科·樱属

- 花期：3 月
- 果期：5~6 月

形态特征	落叶小乔木。一般高 3m，可达 5m。叶有重锯齿。伞房状或近伞形花序，花先叶开放。核果近球形。
分　布	分布于长江流域与黄河流域，各地有栽培。
生态习性	喜光；喜温暖湿润气候，较耐寒；较耐旱；宜肥沃、排水良好的砂质土壤。
绿化应用	观花、观果。果实可食用；花、果俱美，可观赏。

日本晚樱
Cerasus serrulata var. *lannesiana*

蔷薇科·樱属

● 花期：3~4 月

形态特征 落叶小乔木。一般高 3m，可达 5m。叶边有渐尖重锯齿。花与叶同时开放，重瓣，粉红或白色。

分　布 原产日本，我国引种栽培。

生态习性 喜光；喜肥沃、排水良好的土壤。

绿化应用 观花、观叶。花大而繁茂，秋叶红艳，为优良的庭园观赏树种。

品　种 **大岛樱**（*Cerasus serrulata* var. *lannesiana* 'Speciosa'）为日本晚樱的品种。花与叶同时开放，多为单瓣花，粉红或白色。

东京樱花
Cerasus yedoensis

蔷薇科·樱属

● 花期：3 月

形态特征 落叶乔木。一般高 5m，可达 16m。叶有重锯齿。伞形总状花序，花先叶开放，浅粉红色。核果近球形。

分　布 原产日本，我国引种栽培。

生态习性 喜光；较耐寒；喜肥沃、排水良好的土壤。

绿化应用 观花。可作庭园观赏树种。

木瓜海棠　蔷薇科·木瓜属
Chaenomeles cathayensis

- 花期：3~4 月
- 果期：9~10 月

形态特征　落叶小乔木。一般高 3m，可达 6m。叶边缘有锯齿。花先叶开放，淡红色或白色。梨果长卵球形。
分　布　分布于华中、西南地区，各地有栽培。
生态习性　喜光，稍耐阴；喜湿暖，不耐寒；宜排水良好的土壤。
绿化应用　观花、观果。花美观，果有香味，常栽作观赏。

木瓜　蔷薇科·木瓜属
Chaenomeles sinensis

- 花期：4 月
- 果期：9~12 月

形态特征　落叶小乔木。一般高 5m，可达 10m。叶边缘有锯齿。花单生叶腋，花瓣 5 片，淡粉红色。梨果长椭圆形。
分　布　分布于华南、华中、西南地区，各地有栽培。
生态习性　喜光，稍耐阴；喜湿暖，较耐寒；宜排水良好的土壤，不耐水淹；耐轻度盐碱。
绿化应用　观花、观果。花美果香，常植于庭园观赏。

贴梗海棠　蔷薇科·木瓜属
Chaenomeles speciosa

- 花期：3~4 月
- 果期：9~10 月

形态特征　落叶灌木。高 2~3m。小枝有刺。叶边缘有尖锐锯齿。花先于叶或与叶同放。梨果卵形。
分　布　分布于华南、西南地区，各地有栽培。
生态习性　喜光；较耐寒；宜肥厚、排水良好的土壤，不宜在低洼积水处栽种。
绿化应用　观花、观果。花果俱美，可栽于庭园或盆栽观赏，也可作刺篱。

山楂
蔷薇科·山楂属
Crataegus pinnatifida

- 花期：5~6 月
- 果期：9~10 月

形态特征 落叶小乔木。一般高 3m，可达 6m。叶卵形，两侧各 3~5 对羽状深裂片。伞形花序，花瓣白。果深红。
分　布 分布于长江流域以北地区，各地有栽培。
生态习性 喜光，稍耐阴；耐干旱瘠薄，多生于山谷、多石湿地或山地灌木丛中，耐轻度盐碱。
绿化应用 观花、观果。可作庭园树、园路树和绿篱。

枇杷
蔷薇科·枇杷属
Eriobotrya japonica

- 花期：10~12 月
- 果期：翌年 5 月
- 种仁有毒

形态特征 常绿小乔木。一般高 5m，可达 10m。叶片革质。圆锥花序顶生，花瓣 5 片，白色。果实长圆球形。
分　布 原产我国，现南方各地普遍栽培。
生态习性 喜光，稍耐阴；喜温暖气候，不耐寒；宜肥沃、湿润、排水良好的土壤，耐轻度盐碱。
绿化应用 观果、观姿态。树形整齐美观，可作庭园树。

白鹃梅
蔷薇科·白鹃梅属
Exochorda racemosa

- 花期：3~5 月
- 果期：8 月

形态特征 落叶灌木。高 3~5m。叶椭圆形至长圆状倒卵形，全缘。总状花序，花白色。蒴果木质化。
分　布 分布于华中、华南地区。
生态习性 喜光，耐半阴；较耐寒；喜肥沃、深厚的土壤。
绿化应用 观花。绿叶白花，可引种于园林绿地，宜植于林缘、路边。

棣棠
Kerria japonica
蔷薇科·棣棠属

- 花期：4~6 月
- 果期：7~8 月

形态特征 落叶灌木。高 2~3m。小枝绿色，嫩枝具棱。叶互生。花单生，花瓣 5 片，黄色。瘦果侧扁。

分　布 分布于华东、华中、西南地区，各地有栽培。

生态习性 喜半阴；喜温暖湿润气候，耐寒性不强；对土壤要求不严，宜湿润、肥沃的砂质土。

绿化应用 观花、观叶。可丛植于篱边、墙际、水畔和林缘，或栽作地被。

变　型 **重瓣棣棠**（*Kerria japonica* f. *pleniflora*）为棣棠的变型，花重瓣。

重瓣棣棠

山荆子
Malus baccata
蔷薇科·苹果属

- 花期：4~6 月
- 果期：9~10 月

形态特征 落叶小乔木。一般高 5m，可达 14m。叶椭圆形或卵形，叶缘具锯齿。伞形花序，花瓣白色。果球状。

分　布 分布于东北、西北、华北地区，各地有栽培。

生态习性 深根性。喜光；耐寒；不耐水湿。

绿化应用 观花、观果。早春开放白色花朵，秋季结成小球形红黄色果实，经久不落，可作庭园树。

垂丝海棠
Malus halliana

蔷薇科·苹果属

- 花期：3~4 月
- 果期：9~10 月

形态特征 落叶小乔木。一般高 3m，可达 5m。叶片卵形至长卵形。伞房花序，花瓣 5 片，粉红色。梨果球形。

分 布 分布于华东、华中、西南地区，各地有栽培。

生态习性 稍耐阴；喜温暖湿润气候，稍耐寒。

绿化应用 观花、观果。花繁色艳，是著名的庭园观赏植物。

湖北海棠
Malus hupehensis

蔷薇科·苹果属

- 花期：4~5 月
- 果期：8~9 月

形态特征 落叶小乔木。一般高 3m，可达 8m。叶片卵形至卵状椭圆形。伞房花序，萼略带紫色。果实近球形。

分 布 分布于西南、华北、长江流域及以南地区，各地有栽培。

生态习性 稍耐阴；喜温暖湿润气候，稍耐寒。

绿化应用 观花、观果。春花秋实俱美，栽作庭园观赏树。

西府海棠 蔷薇科·苹果属
Malus × micromalus

● 花期：4~5 月
● 果期：8~9 月

形态特征 落叶小乔木。一般高 3m，可达 5m。嫩叶两面被毛。伞形总状花序，花淡粉色。果实近球形，红色。

分　布 分布于东北、华北、西南地区，各地有栽培。

生态习性 喜光；耐寒；较耐旱，忌水湿。

绿化应用 观花、观果。可作庭园观赏树，春天赏花，秋天赏果。

海棠花 蔷薇科·苹果属
Malus spectabilis

● 花期：4~5 月
● 果期：8~9 月

形态特征 落叶小乔木。一般高 3m，可达 8m。叶片椭圆形至长椭圆形。花序近伞形。梨果近球形，黄色。

分　布 分布于华东、华北、西南地区，各地有栽培。

生态习性 喜光；耐寒；耐旱，忌水湿；耐轻度盐碱。

绿化应用 观花、观果。可作庭园观赏树，也作苹果的砧木。

品　种 北美海棠（道格、绚丽）（*Malus* 'Dolgo'）、（*Malus* 'Radiant'）为近年来园林绿化引种的新品种，花色多样，果实往往经冬不落，颇具观赏价值。

北美海棠（道格）

北美海棠（绚丽）

椤木石楠 蔷薇科·石楠
Photinia bodinieri

- 花期：5 月
- 果期：9~10 月

形态特征	常绿乔木。一般高 6m，可达 15m。叶片革质，边缘有刺状齿。复伞房花序，花瓣白色。果黄红色。
分　布	分布于华南、华中、西南地区，各地有栽培。
生态习性	喜光，稍耐阴；喜温暖，稍耐寒。
绿化应用	观花、观果。常作绿化树种，可作刺篱。

石楠 蔷薇科·石楠
Photinia serratifolia

- 花期：4~5 月
- 果期：10~12 月

形态特征	常绿灌木或小乔木。一般高 4m，可达 12m。叶片革质，边缘有锯齿。复伞房花序，白色。梨果红色。
分　布	分布于长江流域与黄河流域，各地有栽培。
生态习性	喜光，稍耐阴；喜温暖，稍耐寒；耐干旱瘠薄，不耐水湿；耐轻度盐碱。
绿化应用	观花、观果、观姿态。树形圆整，白花红果，是美丽的观赏树种。

红叶石楠 蔷薇科·石楠
Photinia × fraseri

- 花期：5 月
- 果期：10~11 月

形态特征	常绿灌木或小乔木。一般高 2m，可达 6m。叶片革质，夏季转绿，秋、冬、春三季呈红色，边缘有锯齿。复伞房花序，花瓣 5 片，白色。梨果球形，红色。
分　布	红叶石楠为光叶石楠（*Photinia glabra*）与石楠的杂交种，各地有栽培。
生态习性	喜光，稍耐阴；喜温暖湿润气候；耐干旱瘠薄，不耐水湿；耐轻度盐碱。
绿化应用	观叶、观花、观果。常栽作绿篱、地被等。

金叶风箱果 薔薇科·风箱果属
Physocarpus opulifolius 'Lutea'

- 花期：6 月
- 果期：7~8 月

形态特征 落叶灌木。高 2~3m。单叶互生，嫩叶金色。花序顶生，伞形总状，白色或浅粉红色。蓇葖果。

分布 原产北美，我国引种栽培。

生态习性 喜光；耐寒；在原产地生长于山溪边、湖岸、湿润的森林以及低湿地。

绿化应用 观叶、观花。可作彩色绿篱或地被。

紫叶李（红叶李） 薔薇科·李属
Prunus cerasifera f. *atropurpurea*

- 花期：3~4 月
- 果期：5~6 月

形态特征 落叶小乔木。一般高 5m，可达 8m。叶片、花柄、花萼、雌蕊都呈紫红色。花叶同放，花瓣粉红色。

分布 原产亚洲西南部及我国新疆，各地广泛栽培。

生态习性 喜光；喜温暖湿润气候；较耐旱、水湿；耐轻度盐碱。

绿化应用 观叶、观花。叶紫红色，花淡粉红色，可栽作庭园观赏树。

品种 美人梅（*Prunus* × *blireana* 'Meiren'）由紫叶李与宫粉类梅花杂交而成，花粉红色，各地有栽培。

李 蔷薇科·李属
Prunus salicina

- 花期：4 月
- 果期：7~8 月

形态特征 落叶小乔木。一般高 5m，可达 12m。叶椭圆状倒卵形，边缘有锯齿。花瓣 5 片，白色。核果球形。
分 布 分布于长江流域与黄河流域，各地有栽培，国外也有引种。
生态习性 喜光，耐半阴；耐寒；喜肥沃、湿润的土壤，可在酸性土、钙质土上生长，忌积水。
绿化应用 观花。可作庭园树。

火棘 蔷薇科·火棘属
Pyracantha fortuneana

- 花期：3~5 月
- 果期：8~11 月

形态特征 常绿灌木。高 1~3m。叶片倒卵形。花瓣 5 片，白色。梨果近球形，成熟红色或黄色。
分 布 分布于华东、华北、华中、西南地区，各地有栽培。
生态习性 喜光；不耐寒；耐旱；耐瘠薄；要求排水良好的土壤，耐轻度盐碱。
绿化应用 观花、观果。常栽作绿篱。

品 种 **小丑火棘**（*Pyracantha fortuneana* 'Harlequin'）为火棘的彩叶品种，新叶具乳白色斑纹，冬季叶粉红。

豆梨
Pyrus calleryana
蔷薇科·梨属

- 花期：4月
- 果期：8~9月

形态特征　落叶小乔木。一般高5m，可达8m。叶边缘有钝锯齿，两面无毛。伞形总状花序，花白。梨果有斑点。
分　布　分布于长江流域与黄河流域，各地有栽培。
生态习性　喜光；喜温暖湿润气候，不耐寒；耐水湿，较耐旱。
绿化应用　观花、观果。可作庭园树。

沙梨
Pyrus pyrifolia
蔷薇科·梨属

- 花期：3~4月
- 果期：7~8月

形态特征　落叶小乔木。一般高5m，可达15m。小枝嫩时具黄褐色毛。叶边缘有刺芒锯齿。伞形总状花序，花白。梨果有斑点。
分　布　分布于长江流域与黄河流域，各地有栽培。
生态习性　喜光；喜温暖湿润气候，不耐寒；宜深厚、排水良好的中性土壤。
绿化应用　观花、观果。可作庭园树。

现代月季
Rosa cv.

蔷薇科 · 蔷薇属

- 花期：4~9 月
- 果期：6~11 月

形态特征	直立或蔓生、攀援状灌木，有刺。高 2~5m。奇数羽状复叶。花单生、伞房花序或圆锥花序，花通常重瓣，色彩多样。
分　布	原产我国，世界各地广泛栽培。
生态习性	萌蘖力强，速生。喜光；耐寒；耐旱，不耐水涝；宜肥沃、排水良好的中性土壤，耐中度盐碱。
绿化应用	观花。现代月季是包括玫瑰（*Rosa rugosa*）、野蔷薇（*R. multiflora*）、月月红（*R. chinensis*）、香水月季（*R. odorata*）、法国蔷薇（*R. gallica*）、大马士革蔷薇（*R. × damascena*）等杂交而成的大量品种的总称。为著名的园林观赏花木，也可作切花、盆栽。

华北珍珠梅 蔷薇科·珍珠梅属
Sorbaria kirilowii

- 花期：6~7 月
- 果期：9~10 月

形态特征 落叶灌木。高 1~3m。羽状复叶，小叶对生。圆锥花序，花白色。蓇葖果长圆柱形。

分　布 分布于华北、西北地区，各地有栽培。

生态习性 耐阴；较耐旱；不择土壤。

绿化应用 观花。庭园栽培供观赏。

麻叶绣线菊 蔷薇科·绣线菊属
Spiraea cantoniensis

- 花期：4~5 月
- 果期：7~9 月

形态特征 落叶灌木。高 1~2m。叶基部楔形，边缘自近中部以上有缺刻状锯齿。伞形花序，花白色。蓇葖果。

分　布 分布于华东、华南地区，各地有栽培。

生态习性 喜光；较耐寒；喜湿润的土壤。

绿化应用 观花。庭园栽培供观赏。

粉花绣线菊
Spiraea japonica

蔷薇科·绣线菊属

- 花期：5~6 月（二次开花于 8~9 月）
- 果期：8~9 月

形态特征 落叶灌木。高 1~2m。叶基部楔形，边缘有缺刻状重锯齿。复伞房花序，花粉红。聚合蓇葖果。

分　布 原产日本、朝鲜，我国引种栽培。

生态习性 喜光，稍耐阴；耐寒；耐旱。

绿化应用 观花。常作绿化地被。

品　种 **金焰绣线菊**（*Spiraea japonica* 'Goldflame'）**和金山绣线菊**（*Spiraea japonica* 'Gold Mound'）为粉花绣线菊的栽培品种。前者新叶橙紫色，夏季浅绿，秋后变红；后者新叶红色，后渐变金黄，秋后变红。

金焰绣线菊

金山绣线菊

珍珠绣线菊
Spiraea thunbergii

蔷薇科·绣线菊属

- 花期：4~5 月
- 果期：7 月

形态特征 落叶灌木。高 1~2m。叶狭披针形，基部狭楔形，边缘自中部以上有尖锐锯齿。伞形花序，花白色。

分　布 分布于华东地区，各地有栽培。

生态习性 喜光；喜温暖湿润气候；宜排水良好的土壤。

绿化应用 观花。常作绿化地被。

合欢
Albizia julibrissin

豆科·合欢属

- 花期：6~7月
- 果期：8~10月

形态特征 落叶乔木。一般高10m，可达16m。二回羽状复叶。头状花序具长柄，再排成伞房状，花粉红色。
分　　布 分布于我国东北至华南及西南部地区，各地有栽培。
生态习性 喜光；耐干旱瘠薄。
绿化应用 观花、观姿态。常作为城市行道树、观赏树种植。

锦鸡儿
Caragana sinica

豆科·锦鸡儿属

- 花期：4~5月
- 果期：7月

形态特征 落叶灌木。高1~2m。小枝有棱，无毛。羽状复叶。花冠蝶形，黄色，常带红色。荚果圆柱形。
分　　布 分布于长江流域与黄河流域，各地有栽培。
生态习性 喜光；耐寒；耐干旱瘠薄，能生于石缝中。
绿化应用 观花。在园林中可种植于岩石边、小路边，可作绿篱。

加拿大紫荆
Cercis canadensis

豆科·紫荆属

- 花期：4~5 月
- 果期：7~8 月

形态特征 落叶乔木。一般高 7m，可达 15m。叶心形或宽卵形，互生。花玫瑰粉色、淡红紫色。荚果扁平。

分　布 原产北美，我国引种栽培。

生态习性 喜光，略耐阴；对土壤要求不严，在酸性土、碱性土或稍重黏的土壤上都能生长。

绿化应用 观花。优良的庭园树，适于道路、庭园绿化。

紫荆
Cercis chinensis

豆科·紫荆属

- 花期：3~4 月
- 果期：8~10 月

形态特征 落叶灌木。叶互生，近圆形。花先于叶开放，花红色。荚果扁平，腹缝线有狭翅。

分　布 分布于我国广大地区，各地有栽培。

生态习性 喜光；稍耐寒；喜肥沃、排水良好的土壤，耐轻度盐碱。

绿化应用 观花。常栽培于庭园观赏。

变　型 **白花紫荆**（*Cercis chinensis f. alba*）为紫荆的变型，花白色。

白花紫荆

湖北紫荆（巨紫荆）
Cercis glabra

豆科·紫荆属

- 花期：4 月
- 果期：9~11 月

形态特征 落叶乔木。一般高 6m，可达 16m。幼叶呈紫红色，总状花序，花先于叶或与叶同时开放。荚果狭长圆形。

分　布 分布于长江流域与黄河流域，各地有栽培。

生态习性 喜光；较耐寒；宜肥沃、排水良好的土壤，忌水湿。

绿化应用 观花、观果。春季枝上布满粉紫色的花，夏季荚果红艳。可植于庭园、道路、建筑物前、草坪边缘。

金雀儿
Cytisus scoparius　　豆科·金雀儿属

- 花期：5~7月
- 果期：8月
- 全株有毒

形态特征　落叶灌木。高1~3m。上部为单叶，下部为掌状三出复叶。总状花序，花鲜黄色。荚果扁平。

分　布　原产欧洲，我国引种栽培。

生态习性　喜光；不耐寒；耐旱；适宜生长在适度肥沃、中等干燥的土壤。

绿化应用　观花。花色鲜艳，常作观赏花木栽植，或盆栽。

黄檀
Dalbergia hupenana　　豆科·黄檀属

- 花期：7~8月
- 果期：10~11月

形态特征　落叶乔木。一般高6m，可达17m。羽状复叶，小叶互生。圆锥花序，花黄白色。荚果长圆形。

分　布　分布于我国广大地区。

生态习性　深根性。喜光；耐旱；对土壤要求不严，在酸性、中性或石灰质土壤上都能生长，耐轻度盐碱。

绿化应用　观花、观叶。可用于荒山绿化，也可作庭园树、行道树。

皂荚
Gleditsia sinensis　　豆科·皂荚属

- 花期：4~5月
- 果期：10月

形态特征　落叶乔木。一般高8m，可达12m。枝刺圆。一回偶数羽状复叶。总状花序，花黄白色。荚果带状。

分　布　分布于长江流域与黄河流域，各地有栽培。

生态习性　深根性。喜光，稍耐阴；喜温暖湿润气候；宜深厚、肥沃土壤，耐轻度盐碱。

绿化应用　观果、观姿态。可作绿化树种植。

马棘 豆科·木蓝属
Indigofera pseudotinctoria

- 花期：5~8 月
- 果期：9~10 月

形态特征 落叶灌木。高 1~3m。奇数羽状复叶，对生。总状花序，花冠蝶形，红色。荚果线状圆柱形。

分　布 分布于华东、华中、西南地区，各地有栽培。

生态习性 喜光，生于山坡林缘及灌木丛中。

绿化应用 观花、观果。可用于园林绿化，种植于林缘、路旁。

红豆树 豆科·红豆属
Ormosia hosiei

- 花期：4~5 月
- 果期：10~11 月　　保护等级：二级

形态特征 常绿或落叶乔木。一般高 10m，可达 30m。奇数羽状复叶。圆锥花序，花白色或淡紫色。荚果近圆形。

分　布 分布于长江流域以南地区，各地有栽培。

生态习性 幼树耐阴，大树喜光；不耐旱；喜肥沃、湿润的土壤。

绿化应用 观花、观果、观姿态。树冠伞状开展，种子红色美观，是优秀的庭园树。

刺槐 豆科·刺槐属
Robinia pseudoacacia

- 花期：4~5 月
- 果期：8~9 月

形态特征 落叶乔木。一般高 10m，可达 25m。单数羽状复叶，全缘。总状花序，蝶形花冠，白色。荚果扁平。

分　布 原产美国东部，我国引种栽培。

生态习性 强喜光，不耐阴；喜较干燥与凉爽的气候；耐瘠薄，在中性、酸性及中度盐碱土上均能生长。

绿化应用 观花。是荒山绿化的先锋树种，也是良好的蜜源树种。

伞房决明
豆科·决明属
Senna corymbosa

- 花期：7~10 月
- 果期：11~12 月

形态特征 落叶灌木。高 1~2m。偶数羽状复叶。伞房或总状花序，花冠黄色。荚果圆柱状，种子棕色。
分　布 原产南美阿根廷地区，我国引种栽培。
生态习性 喜光，耐半阴；喜深厚而排水良好的砂土壤。
绿化应用 观花。可作园林观赏植物，适于丛植或群植，亦用于护坡固土、防止水土流失。

槐
豆科·槐属
Sophora japonica

- 花期：8~10 月
- 果期：9~11 月

形态特征 落叶乔木。一般高 8m，可达 25m。羽状复叶。圆锥花序，花黄白色。荚果肉质，串珠状。
分　布 分布于我国广大地区，各地有栽培。
生态习性 喜光，稍耐阴；喜干冷气候；较耐旱；不耐瘠薄、水湿；耐轻度盐碱。
绿化应用 观姿态。常作行道树、庭园树。

品　种 金枝槐（*Sophora japonica* 'Golden Stem'）为槐的栽培品种，枝与叶均为黄色。
变　型 龙爪槐（*Sophora japonica* f. *pendula*）又名盘槐，为槐的变型，枝和小枝均下垂。

金枝槐

龙爪槐

香圆　芸香科·柑橘属
Citrus grandis× junos

- 花期：4~5月
- 果期：9~12月

形态特征　常绿小乔木。一般高5m，可达7m。小枝绿色，有刺。单身复叶。总状花序，花白色。柑果圆球形。

分　布　分布于长江中下游流域，各地有栽培。

生态习性　喜光；喜温暖湿润气候，不耐寒；宜深厚、肥沃、排水良好的中性或微酸性土壤。

绿化应用　观果。可作庭园树。

柚子　芸香科·柑橘属
Citrus maxima

- 花期：4~5月
- 果期：9~12月

形态特征　常绿乔木，有刺。一般高6m，可达12m。单身复叶。总状花序，花白色。柑果圆球形或梨形。

分　布　分布于长江流域以南地区，各地有栽培，东南亚各国也有栽种。

生态习性　喜光；喜温暖湿润气候，不耐寒；宜深厚、肥沃、排水良好的中性或微酸性土壤，忌积水。

绿化应用　观果。可作庭园树。

柑橘　芸香科·柑橘属
Citrus reticulata

- 花期：4~5 月
- 果期：10~11 月

形态特征　常绿小乔木，有少数刺。一般高 3m，可达 5m。单身复叶。花单生或 2~3 朵簇生。柑果扁圆球形。

分　　布　分布于长江流域以南地区，各地有栽培。

生态习性　喜光；喜温暖湿润气候，比柚稍耐寒；在酸性至微碱性土壤上均能生长，忌积水。

绿化应用　观花、观果。栽于庭园观赏。

枳　芸香科·柑橘属
Citrus trifoliata

- 花期：5~6 月
- 果期：10~11 月

形态特征　落叶灌木，有刺。高 1~5m。叶缘有浅齿，总叶柄有狭翅。花先叶开放。柑果近圆球形或梨形。

分　　布　分布于长江流域与黄河流域，各地有栽培。

生态习性　喜光，稍耐阴；喜温暖湿润气候，较耐寒；宜微酸性土壤，不耐盐碱。

绿化应用　观花。可作绿篱。

吴茱萸
芸香科·吴茱萸属
Tetradium ruticarpum

- 花期：7~8月
- 果期：9~10月

形态特征 落叶灌木。高3~5m。羽状复叶，两面均被柔毛。花序顶生，花黄绿色。蓇果暗紫红色。
分　布 分布于长江流域与黄河流域，各地有栽培。
生态习性 喜光；不耐水湿；在中性、微碱性或微酸性的土壤上都能生长。
绿化应用 观花、观果。为优良的绿化树种，可栽于林缘。

竹叶花椒
芸香科·花椒属
Zanthoxylum armatum

- 花期：5~6月
- 果期：8~9月

形态特征 常绿小乔木。一般高3m，可达5m。茎枝多刺。羽状复叶。花单性，黄绿色。蓇果成熟时红色。
分　布 分布于我国中部、南部和西南部各省。
生态习性 耐阴；喜温暖湿润气候，稍耐寒；宜疏松肥沃、排水良好的土壤。
绿化应用 观果。可作城市绿地中疏林下小乔木或灌木栽培。

花椒
芸香科·花椒属
Zanthoxylum bungeanum

- 花期：4~5月
- 果期：8~10月

形态特征 落叶小乔木。一般高3m，可达7m。羽状复叶，小叶对生。花序顶生。蓇葖果，种子黑色。
分　布 分布于我国广大地区，各地有栽培。
生态习性 稍耐阴；喜温暖湿润气候，耐寒；耐旱，不耐涝；宜肥沃、湿润、排水良好的土壤。
绿化应用 观果。可作城市绿地中疏林下小乔木或灌木栽培。

臭椿　　苦木科·臭椿属
Ailanthus altissima

- 花期：4~5 月
- 果期：8~10 月

形态特征　落叶乔木。一般高 8m，可达 20m。通常奇数羽状复叶，揉碎后有臭味，小叶基部有 1 或 2 对锯齿，齿背有腺体。圆锥花序，花淡绿色。翅果长椭圆形。

分　　布　分布于长江流域与黄河流域，各地有栽培。

生态习性　喜光；较耐寒；耐干旱瘠薄，不耐涝；对微酸性、中性和石灰质土壤及中度盐碱土都能适应。

绿化应用　观花、观果。是山地造林的先锋树种，也是用于盐碱地水土保持与土壤改良的树种。

品　　种　**红叶椿**（*Ailanthus altissima* 'Hongye'）为臭椿的栽培品种，叶色红艳。

楝　　楝科·楝属
Melia azedarach

- 花期：4~5 月
- 果期：10~12 月
- 果有毒

形态特征　落叶乔木。一般高 8m，可达 30m。2~3 回奇数羽状复叶，小叶对生。圆锥花序，花淡紫色。核果椭圆形。

分　　布　分布于黄河流域以南地区，各地有栽培。

生态习性　喜光，不耐阴；喜温暖湿润气候，不耐寒；耐干旱瘠薄、水湿；在酸性、中性和碱性土上均能生长。

绿化应用　观花、观果、观姿态。树形广展，花淡紫色，果实黄色，冬季挂于枝头不落，为优良的绿化树种。

香椿
Toona sinensis

楝科·香椿属

- 花期：6~8 月
- 果期：10~12 月

形态特征 落叶乔木。一般高 8m，可达 15m。偶数兼有奇数羽状复叶。圆锥花序，花白色。蒴果长椭圆形。
分　布 分布于长江流域与黄河流域，各地有栽培。
生态习性 深根性。喜光，不耐阴；较耐寒；较耐旱；在中性、酸性和钙质土上均生长良好，耐轻度盐碱。
绿化应用 观花。可作庭园树、行道树等。

山麻杆
Alchornea davidii

大戟科·山麻杆属

- 花期：3~5 月
- 果期：6~7 月

形态特征 落叶灌木。高 1~4m。茎紫红色。叶圆形或广卵形。雄花柔荑花序；雌花总状花序。蒴果扁球形。
分　布 分布于长江流域与黄河流域，各地有栽培。
生态习性 喜光，稍耐阴；喜温暖湿润气候，不耐寒；耐旱，较耐水湿；耐轻度盐碱。
绿化应用 观花、观叶。嫩叶红色，可种植于庭园观赏。

重阳木
Bischofia polycarpa

大戟科·重阳木属

- 花期：4~5 月
- 果期：9~10 月

形态特征 落叶乔木。一般高 8m，可达 15m。三出复叶。总状花序。浆果球形，熟时红褐色。
分　布 分布于秦岭、淮河流域以南至两广北部，各地有栽培。
生态习性 喜光，稍耐阴；喜温暖湿润气候，不耐寒；耐水湿，较耐旱；耐中度盐碱。
绿化应用 观果、观姿态。可供城乡绿化用。

变叶木
Codiaeum variegatum

大戟科·变叶木属

- 全株有毒
- 花期：9~10 月

形态特征	常绿灌木。高 1m。茎直立。单叶互生，厚革质；叶片形状、大小及色彩变化丰富。蒴果近球形。
分　布	原产太平洋热带岛屿和澳大利亚，我国引种栽培。
生态习性	喜光；喜温暖，耐热，不耐寒；喜疏松、肥沃、排水良好的土壤。
绿化应用	观叶。可作盆栽。适作室内装饰的彩叶植物。

一品红
Euphorbia pulcherrima

大戟科·大戟属

- 全株有毒
- 花果期：10 月~翌年 4 月

形态特征	常绿灌木。高 1~3m。茎直立。叶互生，花序下叶朱红色。花序数个聚伞排列于枝顶。蒴果。
分　布	原产中美洲，我国引种栽培。
生态习性	喜光；喜温暖湿润，不耐寒；喜疏松、肥沃、排水良好的土壤。
绿化应用	观叶。著名观叶植物，可作盆栽。

乌桕
Triadica sebifera

大戟科·乌桕属

- 花期：5~7 月
- 果期：10~11 月

形态特征	落叶乔木。一般高 8m，可达 15m。叶互生，有白色乳汁。柔荑花序顶生。蒴果，种子被白色蜡层。
分　布	分布于黄河流域以南地区，各地有栽培。
生态习性	喜光；喜温暖环境；耐水湿，耐旱；对酸性、中度盐碱土均能适应。
绿化应用	观叶、观种子。优秀的秋色叶树种，秋叶或红或黄，且冬季白色的种子挂满枝头，经久不凋，远观似梅花初绽，极具观赏性。

雀舌黄杨 黄杨科·黄杨属
Buxus harlandii

- 花期：2 月
- 果期：5~8 月

形态特征 常绿灌木。高 3~4m。小枝四棱形。叶对生。花序腋生，顶部一朵雌花，其余为雄花。蒴果卵形。
分　布 分布于长江流域以南地区，各地有栽培。
生态习性 生长极慢。喜光，耐阴；喜温暖湿润气候，不耐寒；宜肥沃的土壤。
绿化应用 观姿态。可作绿篱，用于庭园绿化。

小叶黄杨 黄杨科·黄杨属
Buxus sinica

- 花期：3 月
- 果期：4~5 月

形态特征 常绿灌木或小乔木。高 1~6m。小枝四棱形。叶对生。花聚生叶腋，单性，雌雄同序。蒴果近球形。
分　布 分布于长江流域以南地区，各地有栽培。
生态习性 喜光，耐半阴；喜温暖湿润气候，不耐寒；较耐旱；宜肥沃的中性和微酸性土，耐轻度盐碱。
绿化应用 观姿态。树姿优美，为优良的庭园树，也栽作绿篱或用于制作盆景。

南酸枣 漆树科·南酸枣属
Choerospondias axillaris

- 花期：4 月
- 果期：8~10 月

形态特征 落叶乔木，树皮片状剥落。一般高 8m，可达 20m。奇数羽状复叶，互生。圆锥花序、总状花序或单生。核果长球形。
分　布 分布于华东、华中及西南地区，各地有栽培。
生态习性 浅根性。喜光，稍耐阴；喜温暖湿润气候，不耐寒；不耐水湿；耐轻度盐碱。
绿化应用 观叶、观果。可用于造林。

黄栌
Cotinus coggygria

漆树科·黄栌属

- 花期：5~6月
- 果期：7~8月
- 汁液致敏

形态特征 落叶灌木。高3~5m。叶两面被灰色柔毛。圆锥花序被柔毛，花杂性，微小。核果肾形。

分　布 分布于长江流域以北地区，各地有栽培。

生态习性 喜光，耐半阴，耐寒；耐干旱瘠薄和碱性土壤，不耐水湿。

绿化应用 观叶。可作庭园树。

美国黄栌
Cotinus obovatus

漆树科·黄栌属

- 花期：4~5月
- 果期：6~7月
- 汁液致敏

形态特征 落叶小乔木。一般高3m，可达5m。叶互生。圆锥花序，花微小，花柄上有大量的毛，在落去花朵后，整个果序似粉色或紫粉色的烟。

分　布 原产北美，我国引种栽培。

生态习性 喜光，耐半阴，较耐寒；耐干旱瘠薄和碱性土壤，宜深厚、肥沃、排水良好的砂质土壤。

绿化应用 观花、观叶。可作庭园树。

黄连木
Pistacia chinensis

漆树科·黄连木属

- 花期：4月
- 果期：10~11月

形态特征 落叶乔木。一般高8m，可达20m。羽状复叶，互生。圆锥花序，先花后叶。果成熟时紫红、紫蓝色。

分　布 分布于华北、西北、长江流域以南地区，各地有栽培。

生态习性 深根性。喜光，幼树稍耐阴；喜温暖；畏严寒；耐干旱瘠薄，耐轻度盐碱。

绿化应用 观叶、观果。嫩叶红色，秋叶红、橙、黄色，果紫红、紫蓝色，宜作庭园树、行道树。

盐肤木

漆树科·盐肤木属
Rhus chinensis

- 花期：8~9月
- 果期：10月

形态特征 落叶小乔木或灌木。一般高2m，可达10m。奇数羽状复叶，互生。圆锥花序，花白色。核果扁圆形。

分　布 分布于我国广大地区，部分地方有栽培。

生态习性 喜光；耐旱；耐瘠薄，耐轻度盐碱。

绿化应用 观花、观叶。秋叶红色，可作彩叶植物栽培。

冬青

冬青科·冬青属
Ilex chinensis

- 花期：5~6月
- 果期：9~12月

形态特征 常绿乔木。一般高6m，可达13m。叶薄革质。雌雄异株；聚伞花序，花紫红色。果实熟时深红色。

分　布 分布于长江流域以南地区，各地有栽培。

生态习性 深根性。喜光，稍耐阴；喜温暖湿润气候；较耐旱；宜酸性、肥沃土壤。

绿化应用 观花、观果。枝叶茂密，四季常青，入秋红果满枝，经冬不落，十分美观，可作庭园树。

枸骨 | 冬青科·冬青属
Ilex cornuta

- 花期：4~5 月
- 果期：9 月~翌年 2 月

形态特征 常绿灌木或小乔木。高 1~3m。叶革质，叶缘有刺齿，有时全缘。雌雄异株；花黄绿色。果熟时红色。
分　布 分布于长江中下游地区，各地有栽培。
生态习性 稍耐阴；喜温暖湿润气候；较耐旱；耐瘠薄，宜酸性、肥沃、湿润、排水良好的土壤，耐轻度盐碱。
绿化应用 观叶、观果。果鲜红而不凋落。

品　种 无刺枸骨（*Ilex cornuta* 'National'）为枸骨的栽培品种，叶无尖硬的刺齿。
杂交品种 黄金枸骨（*Ilex × attenuata* 'Sunny Foster'）为冬青属的杂交品种，新叶金黄色。

无刺枸骨

黄金枸骨

龟甲冬青 | 冬青科·冬青属
Ilex crenata 'Convexa'

- 花期：5~6 月
- 果期：8~10 月

形态特征 常绿灌木。高 1~2m。叶互生，革质。花单生或聚伞花序，雌雄异株；花白色。核果球形，成熟后黑色。
分　布 分布于长江中下游地区，各地有栽培。
生态习性 喜光，较耐阴；喜温暖湿润气候，较耐寒，在肥沃的微酸性土壤上生长最佳，中性土壤亦能生长。
绿化应用 观姿态。植株低矮，多分枝而株形开展，宜植于庭园观赏，也作绿篱栽培。
品　种 金宝石冬青（*Ilex crenata* 'Golden Gem'）为近年来新引种的品种，新叶金黄色，耐旱。

金宝石冬青

大叶冬青
Ilex latifolia

冬青科·冬青属

- 花期：4 月
- 果期：9~10 月

形态特征 常绿乔木。一般高 6m，可达 13m。叶互生，厚革质。雌雄异株，花淡黄绿色。核果球形。

分 布 分布于长江流域以南地区，各地有栽培。

生态习性 耐阴；喜温暖湿润气候，较耐寒；宜疏松、深厚、湿润的土壤，在酸性及微碱性土壤上均能生长。

绿化应用 观果、观姿态。植株优美，可作庭园树。

北美冬青
Ilex verticillata

冬青科·冬青属

- 果期：10 月~翌年 3 月

形态特征 落叶灌木。高 1.5~3m。叶椭圆形，有齿，深绿色。果颜色艳丽，持续时间长。

分 布 原产北美东部地区。

生态习性 较耐阴；喜潮湿、酸性、肥沃土壤，对排水不良的土壤有耐受性，可以长在沼泽里。

绿化应用 观果。可栽作绿篱，可在雨水花园种植。

卫矛
Euonymus alatus

卫矛科·卫矛属

- 花期：4-6 月
- 果期：9-10 月
- 全株有微毒

形态特征 落叶灌木。高 2~4m。小枝常具 2~4 列宽阔木栓翅。叶对生。聚伞花序，花黄绿色。蒴果，种子具橙红色肉质假种皮。

分 布 分布于我国广大地区，各地有栽培。

生态习性 较耐阴；耐寒；耐干旱瘠薄；在酸性、中性以及石灰质土上均能生长。

绿化应用 观叶、观果。嫩叶与秋叶均红色，可作庭园树，也用于制作盆景。

大叶黄杨
Euonymus japonicus　卫矛科·卫矛属

- 花期：5~6 月
- 果期：9~10 月
- 全株有微毒

形态特征　常绿灌木。高 1~5m。叶对生，革质。花绿白色。蒴果，成熟时淡红色，种子具橙红色假种皮。

分　布　分布于我国广大地区，各地有栽培。

生态习性　较耐阴；喜温暖湿润的气候；较耐水湿；宜肥沃、湿润的土壤，耐轻度盐碱。

绿化应用　观叶、观果。常作绿篱栽植。

品　种　**金边大叶黄杨**（*Euonymus japonicus* 'Aureomarginatus'）为大叶黄杨的栽培品种，叶边缘黄色。

白杜（丝绵木）
Euonymus maackii　卫矛科·卫矛属

- 花期：5~6 月
- 果期：9~10 月
- 全株有微毒

形态特征　落叶小乔木。一般高 5m，可达 8m。叶对生。聚伞花序，花淡绿色。蒴果倒圆心状，成熟时粉红色。

分　布　分布于东北、华北、华中和华东地区，各地有栽培。

生态习性　喜光，稍耐阴；耐寒；耐旱，耐水湿；宜肥沃、湿润、排水良好的土壤，耐轻度盐碱。

绿化应用　观花、观叶。常栽作道路景观。

三角枫 槭树科·槭属
Acer buergerianum

- 花期：4~5 月
- 果期：9~10 月

形态特征 落叶乔木。一般高 8m，可达 15m。单叶，对生。伞房花序，花黄绿色。果翅张开成锐角或直角。

分　布 分布于长江流域，各地有栽培。

生态习性 喜半阴；喜温暖湿润环境，较耐寒；较耐旱、水湿；宜中性至酸性土壤，耐轻度盐碱。

绿化应用 观叶。入秋叶色暗红，颇为美观，可作庭园树、行道树、护岸树以及绿篱树栽植，也可栽作盆景。

樟叶槭 槭树科·槭属
Acer coriaceifolium

- 花期：3~4 月
- 果期：7~9 月

形态特征 常绿乔木。可达 20m。叶革质。伞房花序，花淡黄色。翅果被绒毛。

分　布 分布于长江流域及以南地区，各地有栽培。

生态习性 喜光；喜冷湿气候，耐干冷；稍耐水湿；喜深厚、肥沃、湿润的土壤。

绿化应用 观叶。宜作庭园树、行道树及防护林树种，也可作绿化树种。

梣叶槭（复叶槭）
Acer negundo

槭树科 · 槭属

- 花期：4~5 月
- 果期：9 月

形态特征 落叶乔木。一般高 8m，可达 20m。奇数羽状复叶，对生。雌雄异株，花黄绿色。果翅呈锐角或直角张开。

分 布 原产北美洲，我国引种栽培。

生态习性 喜光；耐干冷；稍耐水湿；宜深厚、肥沃、湿润的土壤。

绿化应用 观叶。可作庭园树、城市绿化树种，也是很好的蜜源植物。

鸡爪槭
Acer palmatum

槭树科 · 槭属

- 花期：4~5 月
- 果期：9~10 月

形态特征 落叶小乔木。一般高 3m，可达 8m。叶 5~9 掌状分裂，通常 7 裂。伞房花序，花杂性。果翅呈钝角张开。

分 布 分布于华东、华中地区，各地广泛栽培。

生态习性 弱喜光，耐半阴，易受夏季日灼之害；喜温暖湿润气候；宜肥沃、湿润、排水良好的土壤。

绿化应用 观叶、观姿态。树冠如伞，叶幼时和秋季红色，为优秀的庭园观叶树种，可作盆景。

品 种 **红枫**（*Acer palmatum* 'Atropurpureum'）叶形与原种相同，但终生红色。**羽毛槭**（*Acer palmatum* 'Dissectum'）和**红羽毛槭**（*Acer palmatum* 'Dissectum Rubrifolium'）叶裂片细线形，枝叶下垂，前者仅幼叶和秋叶红色，后者叶终生红色。

红枫

羽毛槭

五角枫 槭树科·槭属
Acer pictum subsp. *mono*

- 花期：5月
- 果期：9月

形态特征 落叶乔木。一般高8m，可达20m。叶对生。伞房花序，花白色，杂性。果翅呈锐角或近于钝角张开。

分布 分布于东北、华北地区和长江流域，各地有栽培。

生态习性 喜光，耐半阴；喜温凉湿润气候；宜肥沃、湿润、排水良好的土壤，耐轻度盐碱。

绿化应用 观叶、观姿态。可作庭园树、行道树或防护林等。

元宝槭 槭树科·槭属
Acer truncatum

- 花期：4~5月
- 果期：8~10月

形态特征 落叶乔木。一般高5m，可达10m。叶纸质。伞房花序，花淡黄色。果翅张开成锐角或钝角。

分布 分布于黄河流域及华东地区，各地有栽培。

生态习性 喜光，耐半阴；喜温凉气候；较耐旱；不耐涝；宜肥沃、湿润、排水良好的土壤。

绿化应用 观叶。可作庭园树和行道树，也可在荒山造林或营造风景林中作伴生树种。

红花槭（美国红枫） 槭树科·槭属
Acer rubrum

- 花期：5月
- 果期：9月

形态特征 落叶乔木。一般高8m，可达30m。叶对生，纸质。花杂性。果翅近于水平张开。

分布 原产北美洲，我国引种栽培。

生态习性 喜光，不耐阴；喜温暖湿润环境，较耐寒。

绿化应用 观叶。秋叶色彩艳丽，宜作滨水绿化树种。

七叶树
七叶树科·七叶树属
Aesculus chinensis

- 花期：4~5 月
- 果期：10 月
- 果有毒

形态特征 落叶乔木。一般高 10m，可达 25m。掌状复叶。圆锥花序，花杂性，花白色。蒴果球形，栗褐色。

分　布 分布于华东、华中、华北及西北地区，各地有栽培。

生态习性 深根性；喜光，稍耐阴；喜温暖气候，较耐寒；喜深厚、肥沃、湿润、排水良好的土壤。

绿化应用 观叶、观花。可作行道树、庭园树。

复羽叶栾树
无患子科·栾树属
Koelreuteria bipinnata

- 花期：8~9 月
- 果期：9~10 月

形态特征 落叶乔木。一般高 10m，可达 20m。二回奇数羽状复叶，互生。圆锥花序，花黄色。蒴果淡紫红色。

分　布 分布于华东、华中、华南及西南地区，各地有栽培。

生态习性 喜光，幼树耐阴；喜温暖湿润气候，不耐寒；耐中度盐碱。

绿化应用 观叶、观花、观果。常栽作庭园树、行道树。

无患子 无患子科·无患子属
Sapindus saponaria

- 花期：5~6 月
- 果期：9~10 月

形态特征	落叶乔木。一般高 10m，可达 25m。偶数羽状复叶。圆锥花序顶生，花小，黄绿色。肉质蒴果近球形。
分　布	分布于东部、南部、西南地区，各地有栽培。
生态习性	喜光，稍耐阴；喜温暖湿润气候，较耐寒；较耐旱；耐轻度盐碱。
绿化应用	观叶、观果。常栽作庭园树和行道树。

拐枣（枳椇） 鼠李科·枳椇属
Hovenia acerba

- 花期：6 月
- 果期：8~10 月

形态特征	落叶乔木。一般高 10m，可达 25m。叶互生，三出脉。复聚伞花序，花淡黄绿色。果实近球形，灰褐色。
分　布	分布于黄河流域以南地区，各地有栽培。
生态习性	喜光；稍耐寒；对土壤要求不严，宜深厚、湿润、排水良好的土壤，耐轻度盐碱。
绿化应用	观叶、观果。栽作庭园树、行道树，用于城乡绿化等。

雀梅藤
Sageretia thea　　　　鼠李科·雀梅藤属

- 花期：7~11 月
- 果期：翌年 3~5 月

形态特征　藤状或直立落叶灌木。高 1~3m。叶近对生或互生。花数个簇生排成穗状花序，黄色。核果熟时紫黑色。

分　布　分布于华东、华中、华南及西南地区，各地有栽培。

生态习性　喜光，稍耐阴；喜温暖湿润气候，不耐寒。

绿化应用　观叶、观姿态。常作盆景材料，也栽作绿篱。

枣
Ziziphus jujuba　　　　鼠李科·枣属

- 花期：5~7 月
- 果期：8~9 月

形态特征　落叶乔木。一般高 6m，可达 10m。叶互生，三出脉。腋生聚伞花序或花单生，花黄绿色。核果长球形。

分　布　分布于我国广大地区，各地有栽培。

生态习性　喜光，不耐阴；喜干冷气候；耐干旱瘠薄；宜中性或微碱性的砂土，能耐酸性、盐碱土及低洼湿地。

绿化应用　观叶、观果。可栽于庭园，兼具绿化观赏与果用功能。

杜英　　杜英科·杜英属
Elaeocarpus decipiens

- 花期：6~7月
- 果期：10~11月

形态特征	常绿乔木。一般高6m，可达15m。叶薄革质。总状花序，花白色。核果椭圆形。
分　布	分布于华东、华中、华南及西南地区，各地有栽培。
生态习性	稍耐阴；喜温暖潮湿环境，不耐寒；较耐旱、水湿；喜排水良好、湿润、肥沃的酸性土壤。
绿化应用	观叶、观花。冬季易受冻害而枯梢，造成冠形不丰满。宜背风向阳处作庭园树栽种。

海滨木槿　　锦葵科·木槿属
Hibiscus hamabo

- 花期：7~10月
- 果期：10~11月

形态特征	落叶灌木。高1~5m。树皮灰白色。叶阔倒卵形或椭圆形。花单生于枝端叶腋，金黄色。蒴果倒卵形。
分　布	分布于舟山群岛和福建沿海，各地引种栽培。
生态习性	喜光；耐干旱瘠薄，极耐盐碱，也耐短时水涝。
绿化应用	观叶、观花。适于孤植、丛植。可用于防护林、滨水绿化。

木芙蓉
Hibiscus mutabilis
锦葵科·木槿属

- 花期：8~10 月
- 果期：10~11 月

形态特征 落叶灌木或小乔木。高 2~5m。叶常 5~7 裂。花单生枝端叶腋，花冠初白或淡红色，后深红色。
分　布 原产湖南，各地广泛栽培。
生态习性 喜光，稍耐阴；喜温暖湿润气候，不耐寒；耐旱，较耐水湿；耐中度盐碱。
绿化应用 观花。常栽于池旁水畔。

朱槿
Hibiscus rosa-sinensis
锦葵科·木槿属

- 花期：全年

形态特征 常绿灌木。高 2~3m。小枝、托叶、苞片、花萼被星状柔毛。叶无毛。花冠漏斗形，红色、黄色。
分　布 分布于南方地区，各地有栽培。
生态习性 喜光；喜温暖湿润气候，不耐寒。
绿化应用 观花。可盆栽观赏。

木槿
Hibiscus syriacus
锦葵科·木槿属

- 花期：7~10 月
- 果期：9~11 月

形态特征 落叶灌木。高 3~4m。叶菱形或三角状卵形。花冠钟形，淡紫色。蒴果，种子被长柔毛。
分　布 原产我国中部，各地有栽培。
生态习性 喜光，耐半阴；喜温暖湿润气候，较耐寒；耐旱，较耐水湿；耐瘠薄，耐中度盐碱。
绿化应用 观花。为常见的园林观赏植物，可密植作绿篱、花墙。

梧桐 梧桐科·梧桐属
Firmiana simplex

- 花期：7 月
- 果期：11 月

形态特征 落叶乔木。一般高 8m，可达 15m。叶心形，掌状 3~5 裂，裂片三角形。圆锥花序，花小，黄绿色。

分　布 分布于黄河流域以南地区，各地有栽培。

生态习性 喜光；喜温暖湿润气候，不耐寒；宜肥沃、湿润、排水良好的土壤，不耐积水与盐碱。

绿化应用 观叶、观果。为传统的庭园树。

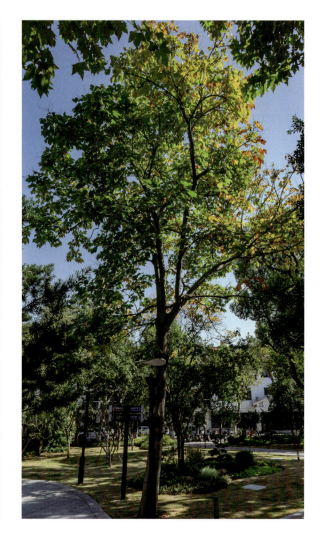

杜鹃叶山茶 山茶科·山茶属
Camellia azalea

- 花期：1~4 月
- 保护等级：一级

形态特征 常绿灌木。高 2~3m。叶革质，倒卵状长圆形。花深红色，单生于枝顶叶腋。

分　布 分布于广东，各地有栽培。

生态习性 耐阴；稍耐寒；喜深厚、肥沃、富含腐殖质的酸性土壤。

绿化应用 观花。可栽培于庭院或林缘。

山茶　山茶科·山茶属
Camellia japonica

- 花期：1~4 月
- 果期：9~10 月

形态特征　常绿灌木或小乔木。一般高 3m，可达 10m。嫩枝无毛。叶互生，革质。花单生或对生，无柄。
分　布　分布于我国广大地区，各地有栽培。
生态习性　耐半阴；喜温暖湿润气候，酷热与严寒均不宜；宜肥沃、湿润、排水良好的微酸性土壤。
绿化应用　观花。为著名观花植物。

滇山茶　山茶科·山茶属
Camellia reticulata

- 花期：12 月 ~ 翌年 4 月

形态特征　常绿灌木或小乔木。一般高 5m，可达 15m。叶椭圆状卵形至卵状披针形。花直生于叶腋，淡红至深紫色。
分　布　分布于云南，各地有栽培。
生态习性　耐半阴；宜富含腐殖质的酸性砂质土壤。
绿化应用　观花。可作庭园观赏植物，列植于屋前。

茶梅　山茶科·山茶属
Camellia sasanqua

- 花期：11 月 ~ 翌年 3 月
- 果期：翌年 7~8 月

形态特征　常绿灌木。高 1~3m。叶互生，革质。花单生或 2~3 朵顶生或腋生，红色、白色。
分　布　原产日本，我国引种栽培。
生态习性　较耐阴；较耐旱，喜温暖湿润气候；宜肥沃、湿润、排水良好的微酸性土壤。
绿化应用　观花。为传统观花植物，常栽作观花绿篱和观花地被。

单体红山茶（美人茶）山茶科·山茶属
Camellia uraku

- 花期：12 月～翌年 4 月
- 果期：翌年 10 月

形态特征 常绿小乔木。一般高 3m，可达 8m。叶互生，革质。花顶生，无柄，花粉红色。

分　布 原产日本，我国引种栽培。

生态习性 较耐阴；喜深厚的酸性土。

绿化应用 观花。可作庭园观赏植物。

格药柃
山茶科·柃属
Eurya muricata

- 花期：10~11 月
- 果期：翌年 5~8 月

形态特征 常绿灌木或小乔木。一般高 3m，可达 7m。叶互生，革质。雌雄异株，花白或绿白色。浆果熟时黑色。

分　布 分布于华中、华东、华南地区，各地有栽培。

生态习性 耐阴；喜温暖湿润环境；宜酸性土壤。

绿化应用 观花。可作为蜜源植物，栽于林中或林缘灌丛中。

木荷
Schima superba

山茶科·木荷属

- 花期：6~7 月
- 果期：翌年 10~11 月

形态特征　常绿乔木。一般高 10m，可达 40m。叶互生，革质或薄革质。总状花序，花白色。蒴果木质。

分　布　分布于华东、华中、华南及西南地区，各地有栽培。

生态习性　深根性；喜光，幼树耐阴；喜温暖湿润气候，不耐寒；耐干旱瘠薄；宜深厚、肥沃的酸性砂质土壤。

绿化应用　观花。为耐火树种，可作防火林带。

厚皮香
Ternstroemia gymnanthera

山茶科·厚皮香属

- 花期：5~7 月
- 果期：8~10 月

形态特征　常绿灌木或小乔木。一般高 4m，可达 10m。叶互生，革质。花两性或单性，黄白色。果实浆果状。

分　布　分布于华东、华中、华南及西南地区，各地有栽培。

生态习性　喜光，较耐阴；喜温暖湿润气候，不耐寒；适生于酸性土壤。

绿化应用　观叶、观姿态。树冠整齐，可作庭园树。

金丝桃　藤黄科·金丝桃属
Hypericum monogynum

- 花期：5~8 月
- 果期：8~9 月

形态特征　常绿或半常绿灌木。高 1~2m。茎红色。叶对生。花单生或成聚伞花序，花鲜黄色。蒴果卵圆形。
分　布　分布于我国广大地区，各地有栽培。
生态习性　喜光，较耐阴；不耐寒。
绿化应用　观花。花色艳丽，供观赏，可栽于山坡、路旁或灌丛中。

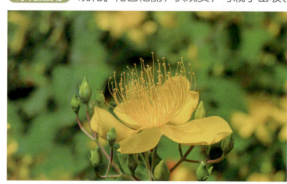

金丝梅　藤黄科·金丝桃属
Hypericum patulum

- 花期：6~7 月
- 果期：8~10 月

形态特征　常绿或半常绿灌木。高 1~2m。茎淡红至橙色。叶对生。花单生或聚伞花序，花鲜黄色。蒴果卵形。
分　布　分布于我国广大地区，各地有栽培。
生态习性　喜光，较耐阴；喜湿润土壤，忌水涝。
绿化应用　观花。常栽作庭园观赏植物。

柽柳　柽柳科·柽柳属
Tamarix chinensis

- 花期：4~9 月
- 果期：10 月

形态特征　落叶灌木或小乔木。高 3~6m。叶互生，鳞片状。每年开花 2~3 次。总状花序，花粉红色。蒴果圆锥形。
分　布　分布于东北、华北、华东地区，各地有栽培。
生态习性　喜光；耐旱，耐水湿；耐瘠薄，能在高度盐碱化土地上生长。
绿化应用　观花。为优良的防风固沙树种，可改良盐碱地，也可种植于水岸边供观赏。

柞木　大风子科·柞木属
Xylosma congesta

● 花期：5 月
● 果期：9 月

形态特征　常绿灌木或小乔木。一般高 2m，可达 5m。叶互生。雌雄异株，总状花序，花黄绿色。浆果熟时黑色。
分　布　分布于秦岭以南和长江以南地区，各地有栽培。
生态习性　较耐阴；喜温暖湿润气候。
绿化应用　观姿态。可作绿篱。

结香　瑞香科·结香属
Edgeworthia chrysantha

● 花期：3~4 月
● 果期：8 月

形态特征　落叶灌木。高 2~3m。叶互生，常集生枝端。头状花序，先叶开放，花萼黄色。核果卵形。
分　布　分布于河南、陕西及长江流域以南地区，各地有栽培。
生态习性　喜光，耐半阴；喜温暖湿润气候；不耐旱；宜肥沃、排水良好的砂质土，忌积水。
绿化应用　观花、观姿态。多栽植于庭园，供观赏。

胡颓子
Elaeagnus pungens

胡颓子科·胡颓子属

- 花期：10~11 月
- 果期：翌年 5 月

形态特征	常绿灌木。高 2~4m。叶互生，革质。花银色。果实熟时红色。
分　布	分布于长江以南地区，各地有栽培。
生态习性	耐半阴；喜温暖气候，不耐寒；较耐旱、水湿；耐轻度盐碱。
绿化应用	观花、观果。可植于庭园观赏，能改良土壤。
品　种	**金边胡颓子**（*Elaeagnus pungens* 'Variegata'）为胡颓子的栽培品种，叶边缘黄色。

金边胡颓子

细叶萼距花
Cuphea hyssopifolia

千屈菜科·萼距花属

- 花期：5~9 月

形态特征	常绿灌木，苏州冬季地上部分枯萎。高 0.2~0.6m。叶对生或近对生。花紫红色。蒴果近长圆形。
分　布	原产墨西哥，我国引种栽培。
生态习性	喜光；喜温暖湿润气候，不耐寒。
绿化应用	观花。为优良的矮篱和基础种植材料，可栽于花丛、花坛边缘、庭园石块旁。

紫薇
Lagerstroemia indica

千屈菜科·紫薇属

- 花期：6~9 月
- 果期：9~12 月

形态特征	落叶灌木或小乔木。高 1~5m。叶对生或近对生。圆锥花序，花淡红色。蒴果近球形。
分　布	分布于华东、华中、华南和西南地区，各地有栽培。
生态习性	喜光，稍耐阴；耐旱；喜肥沃、湿润的土壤，在钙质土和酸性土上都能生长。
绿化应用	观花。花大而艳，花期长，是夏季重要的观花植物。

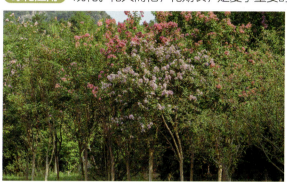

品　种　紫薇还有花白色的**银薇**（*Lagerstroemia indica* 'Alba'）、花蓝紫色的**翠薇**（*Lagerstroemia indica* 'Amabilis'）以及灌木型的**矮紫薇**（*Lagerstroemia indica* 'Monkie'）等栽培品种，其中**矮紫薇（午夜）**（*Lagerstroemia indica* 'Midnight Magic'）为近年引种的新品种，叶紫色。

银薇

矮紫薇

矮紫薇（午夜）

矮紫薇（午夜）

翠薇

翠薇

南紫薇　　千屈菜科·紫薇属
Lagerstroemia subcostata

- 花期：6~8 月
- 果期：7~10 月

形态特征	落叶乔木。一般高 5m，可达 14m。叶矩圆形或矩圆状披针形。花白色、玫瑰色。蒴果椭圆形。
分　布	分布于黄河流域以南地区，各地有栽培。
生态习性	喜光；喜湿润、肥沃的土壤。
绿化应用	观花。为美丽的庭园观赏植物。

石榴　　千屈菜科·石榴属
Punica granatum

- 花期：5~7 月
- 果期：9~10 月

形态特征	落叶灌木或小乔木。一般高 3m，可达 7m。叶对生。花大，花红色。浆果近球形，种子多数。
分　布	原产巴尔干半岛至伊朗及其邻近地区，我国引种栽培。
生态习性	喜光；喜温暖气候，较耐寒；较耐旱；宜肥沃、湿润、排水良好的石灰质土壤，耐中度盐碱。
绿化应用	观花、观姿态。树姿优美，花色艳丽，是春末至夏季优秀的观赏植物。

品　种　城市绿地中常见的栽培品种为**重瓣红石榴**（ *Punica granatum* 'Pleniflora' ），其花重瓣。

喜树
Camptotheca acuminata
蓝果树科·喜树属

● 花期：5~7月
● 果期：9月

形态特征 落叶乔木。一般高 12m，可达 20m。叶互生，纸质。头状花序，花杂性，花绿色。翅果矩圆形。

分　　布 分布于华东、华中、华南和西南地区，各地有栽培。

生态习性 喜光，稍耐阴；喜温暖湿润气候；较耐旱；喜深厚、肥沃、湿润的土壤，在酸性至弱碱性土上均能生长。

绿化应用 观果。可作防护林、风景林等。

水紫树
Nyssa aquatica
蓝果树科·蓝果树属

形态特征 落叶乔木。一般高 15m，可达 25m。叶缘光滑，下部常有绒毛。常雌雄异株，有时雄雌花同株。花绿白色，雄花成簇，雌花单生。春季开花，深紫色果实秋季成熟。树通常要 30 年才能开花结果。

分　　布 原产美国东南部地区，我国引种栽培。

生态习性 喜光，稍耐阴；较耐旱；喜潮湿的酸性土壤，可以在积水中生长，忍受排水不良土壤。

绿化应用 观叶。可用于雨水花园和滨水绿化。

菲油果　　　桃金娘科·野凤榴属
Acca sellowiana

- 花期：4~5月
- 果期：8~9月

形态特征	常绿灌木。高1~3m。叶厚革质，叶背银绿色。花白色，雄蕊紫红色。果实蓝绿色或灰绿色，可食用。
分　布	原产巴西南部至阿根廷北部，我国引种栽培。
生态习性	稍耐阴；宜排水良好的土壤。
绿化应用	观花、观果。可用于花境配植。

垂枝红千层　　　桃金娘科·红千层属
Callistemon viminalis

- 花期：4~9月

形态特征	常绿灌木。高2~5m。叶互生，纸质。穗状花序顶生，花两性，红色。蒴果。
分　布	原产澳大利亚，我国引种栽培。
生态习性	喜光；喜温暖湿润气候，耐酷暑。
绿化应用	观花。适作园景树，可单植、列植、群植于水岸边观赏。

黄金串钱柳　　　桃金娘科·白千层属
Melaleuca bracteata 'Revolution Gold'

形态特征	常绿灌木或小乔木。一般高2m，可达8m。叶互生，芳香。头状或短穗状花序，花乳白色。
分　布	溪畔白千层（*Melaleuca bracteata*）的栽培品种。原产热带及中部澳洲地区，我国引种栽培。
生态习性	喜光；喜温暖气候，不耐寒；耐盐碱；耐水湿。
绿化应用	观叶。优良彩叶树种，栽作庭园观赏植物。

八角金盘
五加科·八角金盘属
Fatsia japonica

- 花期：11~12 月
- 果期：翌年 4 月

形态特征 常绿灌木。高 1~5m。叶掌状 7~9 深裂。圆锥花序，由小伞形花序组成，花黄白色。核果熟时黑色。
分　布 原产日本，我国引种栽培。
生态习性 喜阴；喜温暖湿润气候，不耐寒；不耐旱；要求土壤排水良好。
绿化应用 观叶。为优良的庭园绿化、观叶植物。

刺楸
五加科·刺楸属
Kalopanax septemlobus

- 花期：7~8 月
- 果期：10~11 月

形态特征 落叶乔木。一般高 6m，可达 15m。枝、干有刺。单叶互生，掌状 5~7 裂。花白色。果熟时蓝黑色。
分　布 分布于我国广大地区，各地有栽培。
生态习性 喜光；喜深厚、湿润的酸性至中性土。
绿化应用 观姿态。叶大干直，树形颇壮观，可用于绿化与观赏。

熊掌木
五加科·熊掌木属
×Fatshedera lizei

- 花期：9~12 月

形态特征 常绿灌木。高 1~3m。单叶互生，掌状 5 裂。圆锥花序，由小伞形花序组成，花白色。
分　布 本种由八角金盘（*Fatsia japonica*）与常春藤（*Hedera helix*）杂交而成，各地有栽培。
生态习性 喜阴；喜温暖和冷凉环境，忌高温。
绿化应用 观叶。用于城乡绿化，常栽作林下或建筑物背阴处的地被。

洒金桃叶珊瑚　山茱萸科·桃叶珊瑚属
Aucuba japonica 'Variegata'

- 花期：3~4 月
- 果期：翌年 1~4 月

形态特征　常绿灌木。高 1~1.5m。叶面具大小不等的黄色斑点。圆锥花序，花紫色。浆果鲜红色至暗红色。
分　布　青木（*Aucuba japonic*）的栽培品种，原种分布于浙江南部及台湾，各地有栽培。
生态习性　喜阴；喜温暖湿润气候，不耐寒；宜肥沃、湿润、排水良好的土壤。
绿化应用　观叶。城市绿化树种，适于较荫蔽的环境下种植。

红瑞木　　山茱萸科·山茱萸属
Cornus alba

- 花期：6~7 月
- 果期：8~10 月

形态特征　落叶灌木。高 2~3m。树皮紫红色。叶对生。伞房状聚伞花序，花淡黄白色。核果熟时白色或稍带蓝。
分　布　分布于我国广大地区，各地有栽培。
生态习性　耐半阴；耐寒；喜稍湿润的土壤。
绿化应用　观枝干、观叶。枝条及秋叶红色美观，常栽作庭园观赏植物。

灯台树　　山茱萸科·山茱萸属
Cornus controversa

- 花期：5~6 月
- 果期：7~8 月

形态特征　落叶乔木。一般高 8m，可达 15m。树皮光滑。叶互生。聚伞花序，花白色。果熟时紫红至蓝黑色。
分　布　分布于我国广大地区，各地有栽培。
生态习性　喜光，稍耐阴；喜温暖湿润气候，较耐寒；宜肥沃、深厚、湿润而排水良好的土壤。
绿化应用　观姿态、观花、观果。树形整齐，树冠圆锥状，可作庭园树及行道树。

山茱萸 　山茱萸科·山茱萸属
Cornus officinalis

● 花期：3~4 月
● 果期：9~10 月

形态特征　落叶灌木或小乔木。一般高 5m，可达 10m。叶对生。伞形花序，花先叶开放，黄色。核果熟时红色。
分　布　分布于华北、西北、华中、华东地区，各地有栽培。
生态习性　喜光，稍耐阴；喜温暖气候，较耐寒；较耐水湿；宜湿润而排水良好的土壤。
绿化应用　观花、观果。花果俱美，宜于自然风景区中成丛种植。

毛梾 　山茱萸科·山茱萸属
Cornus walteri

● 花期：5 月
● 果期：9 月

形态特征　落叶乔木。一般高 6m，可达 15m。叶对生，纸质。伞房状聚伞花序，花白色。核果球形。
分　布　分布于华东、华中、华南及西南地区，各地有栽培。
生态习性　喜光；耐寒；耐旱。
绿化应用　观花、观果。可作为四旁绿化和水土保持树种。

光皮梾木 　山茱萸科·山茱萸属
Cornus wilsoniana

● 花期：5 月
● 果期：10~11 月

形态特征　落叶乔木。一般高 8m，可达 18m。树皮青灰色，块状剥落。叶对生。聚伞花序，花白色。果熟时黑色。
分　布　分布于黄河流域以南地区，各地有栽培。
生态习性　深根性。较喜光；耐寒，耐热；为喜钙树种，宜湿润、肥沃、排水良好的土壤。
绿化应用　观姿态、观花、观果。树形美观，可作庭园树、行道树等。

毛鹃 杜鹃花科·杜鹃花属
Rhododendron × pulchrum

- 花期：4~5月
- 果期：6~7月

形态特征 常绿灌木。高1~2m。叶互生，厚纸质。伞形花序顶生，花冠淡红、紫红、白色。蒴果。

分 布 毛鹃是白花杜鹃（*Rhododendron mucronatum*）和锦绣杜鹃（*Rhododendron pulchrum*）杂交形成的园艺品种，各地广泛栽培。

生态习性 喜阴；喜凉爽湿润气候，忌酷热干燥；宜腐殖质丰富、肥沃、排水良好的酸性土壤。

绿化应用 观花。栽于庭园观赏。

杂 交 **夏鹃**（Hybrid *Rhododendron indicum*）是以皋月杜鹃（*Rhododendron indicum*）为主要亲本的杂交杜鹃，叶狭披针形，边缘有锯齿和纤毛，花较小，雄蕊5枚，花期5~6月。
东鹃（Hybrid *Rhododendron obtusum*）是以石岩杜鹃（*Rhododendron obtusum*）为主要亲本的杂交杜鹃，叶小，叶面毛较少、有光亮，花较小，雄蕊5枚，花期5月。

夏鹃

东鹃

乌饭树（南烛） 杜鹃花科·越橘属
Vaccinium bracteatum

- 花期：6~7月
- 果期：8~10月

形态特征 常绿灌木或小乔木。一般高2m，可达5m。叶互生，薄革质。总状花序，花冠白色，筒状。浆果紫黑色。

分 布 分布于华东、华中、华南至西南地区，各地有栽培。

生态习性 喜光，耐半阴；喜温暖湿润气候；宜湿润、排水良好的酸性土壤。

绿化应用 观花、观果。花果均美观，可作庭园观赏植物。

蓝花丹（蓝雪花） 白花丹科·白花丹属
Plumbago auriculata

● 花期：6~9 月、12 月 ~ 翌年 4 月

形态特征	常绿灌木。高 1~2m。叶薄。穗状花序，花冠淡蓝色至蓝白色。
分　布	原产南非，我国引种栽培。
生态习性	稍耐阴；较耐旱；宜肥沃、排水良好的土壤。
绿化应用	观花。栽于庭园观赏。

乌柿 柿树科·柿树属
Diospyros cathayensis

● 花期：4~5 月
● 果期：8~10 月

形态特征	常绿或半常绿小乔木。一般高 3m，可达 10m。叶互生，薄革质。雌花常单生，雄花常组成聚伞花序，花冠白色。浆果熟时黄色。
分　布	分布于华东、华中、西南地区，各地有栽培。
生态习性	喜光，较耐阴；生长于河谷、山地疏林或山谷林中。
绿化应用	观花、观果。花果均美观，可作庭园观赏植物。

柿树 柿树科·柿树属
Diospyros kaki

● 花期：5~6 月
● 果期：9~10 月

形态特征	落叶乔木。一般高 5m，可达 9m。叶互生。花雌雄异株，少同株。浆果熟时橙红色。
分　布	分布于长江流域，各地有栽培。
生态习性	喜光；喜温暖气候，较耐寒；耐干旱瘠薄，较耐水湿；耐轻度盐碱。
绿化应用	观果、观叶。可作庭园树。

油柿 柿树科·柿树属
Diospyros oleifera

- 花期：4~5 月
- 果期：8~10 月

形态特征 落叶乔木。一般高 5m，可达 9m。叶互生，纸质。花雌雄异株或杂性。浆果熟时暗黄色。

分 布 分布于华中、华东、华南地区，各地有栽培。

生态习性 喜光；喜温暖湿润气候，耐寒性不强；较耐水湿；宜肥沃、湿润的土壤。

绿化应用 观果、观叶。可作庭园树、行道树。

老鸦柿 柿树科·柿树属
Diospyros rhombifolia

- 花期：4~5 月
- 果期：10~11 月

形态特征 落叶灌木或小乔木。一般高 3m，可达 8m。叶互生。花单生于叶腋，花冠壶形。浆果熟时橙红色。

分 布 分布于华东地区。

生态习性 较耐阴；喜温暖湿润气候；耐瘠薄，自然生长于山坡灌丛或林缘。

绿化应用 观花、观果。果实熟时红色，柄较长，挂在枝桠间，颇为美观，可开发用于园林绿化。

光亮山矾（四川山矾） 山矾科·山矾属
Symplocos lucida

- 花期：3~4 月
- 果期：5~8 月

形态特征 常绿小乔木。一般高 6m，可达 10m。叶互生，革质。花 5~6 朵集成团伞花序，花淡黄色。核果黑褐色。

分 布 分布于黄河流域地区。

生态习性 较耐阴；喜温暖湿润气候；对土壤适应性较强，耐干旱瘠薄，对大气污染有较强抗性。

绿化应用 观花。可栽于工厂周围，作防护绿化。

白檀
Symplocos paniculata

山矾科·山矾属

- 花期：4~5 月
- 果期：7 月

形态特征 落叶灌木或小乔木。一般高 3m，可达 8m。叶互生。圆锥花序，花白色。核果卵形，蓝黑色。

分　布 分布于东北、华北至江南地区。

生态习性 较耐阴；喜温暖湿润的气候，耐寒；宜深厚、肥沃的砂质土壤，较耐干旱瘠薄。

绿化应用 观花。本种花季时满树白花，颇美观，可开发为园林绿化植物。

秤锤树
Sinojackia xylocarpa

安息香科·秤锤树属

- 花期：3~4 月
- 果期：7~9 月
- 保护等级：二级

形态特征 落叶乔木。一般高 5m，可达 8m。单叶互生。总状聚伞花序，花白色。果实红褐色，顶端具圆锥状的喙。

分　布 分布于江苏，各地有栽培。

生态习性 稍耐阴；喜排水良好、适度肥沃的酸性土壤。成年树有一定的耐旱性。

绿化应用 观花、观果。可作园林绿化、庭园树。

流苏树 木犀科·流苏树属
Chionanthus retusus

- 花期：4 月
- 果期：8~11 月

形态特征 落叶灌木或乔木。一般高 5m，可达 20m。单叶对生，革质。圆锥花序，花白色。核果熟时蓝黑色。

分　布 分布于黄河流域以南地区，各地有栽培。

生态习性 喜光；耐寒；自然生长于山坡、河边、疏林或灌丛中。

绿化应用 观花。洁白而密集的花在绿叶衬托下颇为秀美，可作庭园树。

金钟连翘 木犀科·连翘属
Forsythia × intermedia

- 花期：3~4 月
- 果期：9~10 月

形态特征 落叶灌木。枝拱形。叶长椭圆形至卵状披针形。花黄色。蒴果。

分　布 本种为金钟花（*Forsythia viridissima*）与连翘（*Forsythia suspensa*）的杂交种，各地有栽培。

生态习性 稍耐阴；宜疏松、中等湿度、排水良好的土壤。

绿化应用 观花。可作绿篱。

金钟花 木犀科·连翘属
Forsythia viridissima

- 花期：3~4 月
- 果期：8~11 月

形态特征 落叶灌木。高 2~4m。小枝四棱形，具片状髓。叶对生。花 1~3 朵着生于叶腋，先叶开放，花黄色。蒴果卵形。

分　布 分布于华东、华中、西南地区，各地有栽培。

生态习性 较耐阴；喜温暖湿润气候，较耐寒；耐干旱瘠薄，怕涝，不择土壤。

绿化应用 观花。早春观花植物，宜配植于墙隅、篱下和路边；植于水边堤岸可护堤。

白蜡树
Fraxinus chinensis

木犀科·梣属

- 花期：4~5月
- 果期：7~9月

形态特征 落叶乔木。一般高8m，高达20m。羽状复叶对生。花雌雄异株，圆锥花序，花萼钟状。翅果匙形。

分　布 分布于我国广大地区，各地有栽培。

生态习性 喜光，稍耐阴；喜温暖湿润气候，较耐寒；喜湿耐涝，耐干旱瘠薄，耐轻度盐碱。

绿化应用 观果。可作行道树、庭园树。

探春花
Jasminum floridum

木犀科·素馨属

- 花期：5~9月

形态特征 常绿灌木。高1~3m。叶互生，复叶。聚伞花序，花冠黄色，近漏斗形。果长圆球形。

分　布 分布于我国广大地区，各地有栽培。

生态习性 喜光，稍耐阴；喜温暖湿润气候，较耐寒。

绿化应用 观花。绿化观赏植物，也可作花篱、地被。

云南黄馨
Jasminum mesnyi

木犀科·素馨属

- 花期：3~4月

形态特征 常绿灌木。高1~3m。小枝四棱形。三出复叶对生。花常单生于叶腋，花萼钟状，花冠黄色。

分　布 分布于西南地区，各地有栽培。

生态习性 喜光，稍耐阴；喜温暖湿润气候，不耐寒；宜排水良好、肥沃的酸性土壤。

绿化应用 观花。绿化观赏植物，常植于路缘、坡地及水岸边。

迎春花　木犀科·素馨属
Jasminum nudiflorum

● 花期：2~4 月

形态特征　落叶灌木。高 1~3m。小枝四棱形。叶对生，三出复叶。花单生，先叶开放，花萼绿色，花冠黄色。
分　布　分布于我国广大地区，各地有栽培。
生态习性　喜光，较耐阴；较耐寒；较耐旱、水湿；耐中度盐碱。
绿化应用　观花。为庭园中较常见的绿化观赏植物。

浓香茉莉　木犀科·素馨属
Jasminum odoratissimum

● 花期：6~8 月

形态特征　常绿灌木。高 1~3m。小枝有棱，无毛。复叶，互生。聚伞花序，花冠黄色，花萼裂片呈三角形。
分　布　原产大西洋马德拉岛，我国引种栽培。
生态习性　喜光；喜温暖湿润气候，较耐寒；宜湿润的酸性土壤。
绿化应用　观花。四季常绿，可植于水边、路缘、坡地等，其下垂的枝叶，可用于遮挡生硬的坡岸。

金叶女贞　木犀科·女贞属
Ligustrum 'Vicaryi'

● 花期：4~5 月
● 果期：11~12 月

形态特征　半常绿灌木。高 1~3m。叶对生，新叶金黄色，老叶黄绿色至绿色。圆锥花序，花白色。核果黑色。
分　布　本种由美国加州的金边女贞与欧洲的女贞杂交育成，我国引种栽培。
生态习性　喜光，不耐阴；稍耐寒；对土壤要求不严，宜疏松、肥沃、排水良好的砂质土壤。
绿化应用　观叶。嫩叶金黄，有较高的观赏价值，在城市绿地中常栽作绿篱。

金森女贞
Ligustrum japonicum 'Howardii'
木犀科·女贞属

- 花期: 6 月
- 果期: 11 月

形态特征 常绿灌木。高 1~3m。叶对生，厚革质，幼叶鲜黄色，后成金黄色。圆锥花序，花白色。核果紫黑色。

分　布 日本女贞（*Ligustrum japonicum*）的栽培品种，原产日本，我国引种栽培。

生态习性 喜光，较耐阴；较耐寒；对土壤要求不严，在酸性至微碱性土壤上均可生长。

绿化应用 观叶。株叶茂盛，常绿而嫩叶金黄。常栽作绿篱、地被等。

女贞
Ligustrum lucidum
木犀科·女贞属

- 花期: 5~7 月
- 果期: 7 月 ~ 翌年 5 月

形态特征 常绿乔木。一般高 8m，可达 25m。叶对生，革质。圆锥花序，花白色。核果蓝黑色，熟时红黑色。

分　布 分布于黄河流域以南地区，各地有栽培。

生态习性 稍耐阴；喜温暖湿润气候，较耐寒；较耐旱；耐轻度盐碱。

绿化应用 观花、观姿态。常栽作行道树，还可作丁香、桂花的砧木。

小叶女贞
Ligustrum quihoui

木犀科·女贞属

- 花期：5~7 月
- 果期：8~11 月

形态特征 落叶灌木。高 1~3m。叶对生，薄革质。圆锥花序，花白色。核果紫黑色。

分　布 分布于黄河流域及以南地区，各地有栽培。

生态习性 稍耐阴；较耐寒；较耐旱；耐瘠薄，耐轻度盐碱。

绿化应用 观花。庭园观赏植物，常栽作绿篱。

品　种 **亮晶女贞**（*Ligustrum quihoui* 'Lemon Light'）为小叶女贞的栽培品种，新叶金黄色，老叶黄绿色至绿色。

亮晶女贞

小蜡
Ligustrum sinense

木犀科·女贞属

- 花期：3~6 月
- 果期：9~12 月

形态特征 落叶灌木或小乔木。一般高 3m，可达 8m。叶对生，纸质或薄革质。圆锥花序，花白色。核果近球形。

分　布 分布于华中、华南、华东、西南地区，各地有栽培。

生态习性 稍耐阴；较耐寒。

绿化应用 观花。常栽作绿篱，也可作盆景材料。

品　种 **金叶小蜡**（*Ligustrum sinense* 'Sunshine'）和**银姬小蜡**（*Ligustrum sinense* 'Variegatum'）为小蜡的栽培品种，前者叶片金黄色；后者叶缘乳白色。

金叶小蜡

银姬小蜡

桂花
木犀科·木犀属
Osmanthus fragrans

- 花期：9~10 月
- 果期：翌年 3 月

形态特征	常绿灌木或小乔木。一般高 5m，可达 18m。叶对生，革质。花雄性与两性异株，花黄白色、黄色、橙红色。核果紫黑色。
分　布	分布于长江流域以南地区，各地有栽培。
生态习性	喜光，稍耐阴；喜温暖环境；较耐旱；喜湿润、排水良好的微酸性砂质土壤，忌积水。
绿化应用	观花、观姿态。树姿挺秀，终年常绿，花时浓香四溢，为重要的庭园绿化观赏树种。
品　种	桂花品种繁多，常见的 4 个品种群：金桂、银桂、丹桂、四季桂（一年中可开花数次）。

金桂

银桂

丹桂

四季桂

柊树　木犀科·木犀属
Osmanthus heterophyllus

- 花期：11~12 月
- 果期：翌年 5~6 月

形态特征 常绿灌木或小乔木。一般高 3m，可达 8m。叶对生，革质。花簇生于叶腋，花白色。核果暗紫色。

分　布 分布于台湾，各地有栽培。

生态习性 喜光，耐阴；喜温暖，稍耐寒；较耐旱；宜肥沃、湿润、排水良好的砂质土壤。

绿化应用 观花、观姿态。为庭园观赏植物，可作盆景材料，近年有栽培。

品　种 **花叶柊树**（*Osmanthus heterophyllus* 'Variegatus'）为柊树的栽培品种，叶具乳白色边缘。

花叶柊树

紫丁香　木犀科·丁香属
Syringa oblata

- 花期：4~5 月
- 果期：6~10 月

形态特征 落叶灌木或小乔木。一般高 2m，可达 5m。叶对生，厚纸质。圆锥花序，花萼钟状，花紫色。蒴果长圆形。

分　布 分布于东北、华北、西北至西南地区，各地有栽培。

生态习性 喜光，稍耐阴；耐寒；较耐旱，忌低湿；宜肥沃、湿润、排水良好的土壤，耐轻度盐碱。

绿化应用 观花。栽作庭园观赏花木。

品　种 **白丁香**（*Syringa oblata* 'Alba'）为紫丁香的栽培品种，叶片通常长大于宽，下面稍被毛，花白色。

大叶醉鱼草
Buddleja davidii

马钱科·醉鱼草属

- 花期：5~10 月
- 果期：9~12 月

形态特征 落叶灌木。高 2~5m。小枝略呈四棱形，幼时密被白色星状毛。叶对生。穗状聚伞花序，花淡紫色。

分 布 分布于黄河流域以南地区，各地有栽培。

生态习性 喜光；喜温暖湿润气候，较耐寒；较耐旱，不耐水湿；耐瘠薄，耐轻度盐碱。

绿化应用 观花。枝条开展而下垂，花序较大，花色丰富，芳香，是优良的庭园观赏植物。

醉鱼草
Buddleja lindleyana

马钱科·醉鱼草属

- 花期：4~10 月
- 果期：8 月 ~ 翌年 4 月

形态特征 落叶灌木。高 2~3m。小枝四棱形，具窄翅。叶对生。穗状聚伞花序，花紫色。蒴果有鳞片。

分 布 分布于华东、华中、华南、西南地区，各地有栽培。

生态习性 喜光；喜温暖湿润气候，较耐寒；较耐旱，不耐水湿；耐瘠薄，耐轻度盐碱。

绿化应用 观花。全株花芳香而美丽，为常见的观赏植物。

夹竹桃
Nerium oleander

夹竹桃科·夹竹桃属

- 全株有毒
- 花期：6~10 月

形态特征 常绿灌木。高 3~6m。叶对生或轮生，狭披针形。聚伞花序，花深红色或粉红色。蓇葖果细长。

分 布 原产地中海，我国引种栽培。

生态习性 喜光；喜温暖湿润气候，不耐寒；耐旱，较耐水湿；对土壤适应性强，耐中度盐碱。

绿化应用 观花。花大、艳丽、花期长，且抗烟尘及有毒气体，常作为城市及工矿区绿化观赏植物。

品 种 **白花夹竹桃**（*Nerium oleander* 'Paihua'）为夹竹桃的栽培品种，花白色。

夹竹桃与白花夹竹桃

厚壳树 紫草科·厚壳树属
Ehretia acuminata

● 花期：4~5 月

形态特征 落叶乔木。一般高 8m，可达 15m。叶互生，倒卵形至椭圆形。圆锥花序顶生或腋生，花冠白色。核果球形。

分　布 分布于华东、华中及西南地区，各地有栽培。

生态习性 喜光；较耐旱、水湿；喜湿润、深厚的土壤，耐轻度盐碱。

绿化应用 观花、观姿态。宜作林荫树种植。

华紫珠 马鞭草科·紫珠属
Callicarpa cathayana

● 花期：5~7 月
● 果期：8~11 月

形态特征 落叶灌木。高 2~3m。叶对生。聚伞花序，花萼杯状，花紫色。浆果状核果，紫色。

分　布 分布于华东、华中、华南地区，各地有栽培。

生态习性 较耐阴；喜温暖湿润气候，自然生长于山坡、谷地的丛林或灌丛中。

绿化应用 观花、观果。果实密集，色彩艳丽，可作为庭园观果灌木栽种。

白棠子树 马鞭草科·紫珠属
Callicarpa dichotoma

● 花期：5~6 月
● 果期：7~11 月

形态特征 落叶灌木。高 1~3m。小枝紫红色，略有星状毛。叶对生。聚伞花序，花紫红色。果实球形，紫色。

分　布 分布于长江流域以南地区，各地有栽培。

生态习性 较耐阴；喜湿润、肥沃的土壤。

绿化应用 观花、观果。可栽培供观赏，也可用于基础种植。

海州常山　马鞭草科·大青属
Clerodendrum trichotomum

● 花果期：6~11 月

形态特征 落叶灌木或小乔木。一般高 2m，可达 10m。叶对生。伞房状聚伞花序，花萼紫红色，花白色或略带粉红色。核果熟时蓝紫色。

分　布 分布于华北、华东、中南、西南地区。

生态习性 稍耐阴；较耐寒；耐瘠薄，自然生长于山坡灌丛中。

绿化应用 观花。本种花果俱美观，且花期长，可开发为公园绿化观赏树种。

穗花牡荆　马鞭草科·牡荆属
Vitex agnus-castus

● 花期：7~8 月

形态特征 落叶灌木。高 2~3m。叶对生，掌状复叶，小叶 5 或 7 片。花序顶生或腋生，花冠蓝紫色。

分　布 原产欧洲南部及亚洲西部，我国引种栽培。

生态习性 喜光；较耐旱、水湿；宜疏松、中等湿度、排水良好的土壤，耐中度盐碱。

绿化应用 观花。可栽培供观赏。

迷迭香　唇形科·迷迭香属
Rosmarinus officinalis

● 花期：10~11月

形态特征　常绿灌木。高 1~3m。老枝圆柱形，幼枝四棱形，密被白色星状细绒毛。叶片线形。花蓝紫色。

分　布　原产欧洲及北非地中海沿岸，我国引种栽培。

生态习性　较耐阴；喜温暖气候；较耐旱；在排水良好的砂质土壤上生长良好。

绿化应用　观花、观叶。可栽培供观赏。

银石蚕（水果蓝）　唇形科·香科科属
Teucrium fruticans

● 花期：4~6月

形态特征　常绿灌木。高 1~3m。全株被白色绒毛。叶卵形，表面灰绿色，背面白色，对生。花深蓝色。

分　布　原产地中海，我国引种栽培。

生态习性　喜光；喜温暖气候，不耐寒；喜排水良好的土壤，耐干旱瘠薄。

绿化应用　观花、观叶。可作绿篱，也可配植于岩石园、屋顶花园等。

枸杞　茄科·枸杞属
Lycium chinense

● 花期：6~10月
● 果期：10~11月

形态特征　落叶灌木。高 0.5~2m。枝条有棘刺。单叶互生或 2~4 片簇生。花单生或 2~4 朵簇生，花淡紫色。浆果红色。

分　布　分布于我国广大地区，各地有栽培。

生态习性　稍耐阴；喜温暖，较耐寒；较耐旱、水湿；对土壤要求不严，耐中度盐碱。

绿化应用　观花、观果。可作庭园观赏植物，宜植于池畔、河岸、山坡等。

白花泡桐
Paulownia fortunei

玄参科·泡桐属

- 花期：3~4 月
- 果期：7~8 月

形态特征 落叶乔木。一般高 10m，可达 30m。叶片长卵状心形。圆锥花序，花白色仅背面稍带紫色。蒴果长圆形。

分　布 分布于我国西北地区，各地有栽培。

生态习性 喜光，稍耐阴；喜温暖气候，耐寒性稍差，尤其幼苗易受冻；耐轻度盐碱。

绿化应用 观花。是良好的用材树种，也可作行道树、庭园树。

毛泡桐
Paulownia tomentosa

玄参科·泡桐属

- 花期：4~5 月
- 果期：8~9 月

形态特征 落叶乔木。一般高 6m，可达 15m。叶对生。圆锥花序，花紫色，漏斗状钟形。蒴果卵圆形。

分　布 分布于东北、华北、华东及华中地区，各地有栽培。

生态习性 喜光，不耐阴；耐寒，不耐高温；怕涝，耐干旱瘠薄。

绿化应用 观花。春季满树紫花，夏日浓荫如盖，为优良的行道树、庭园树。

楸树 紫葳科·梓属
Catalpa bungei

- 花期：4月
- 果期：7~8月

形态特征 落叶乔木。一般高10m，可达20m。叶对生。伞房状总状花序，花浅紫红色。蒴果，种子两端具长毛。
分　布 分布于黄河流域和长江流域地区，各地有栽培。
生态习性 喜光；喜温暖湿润气候，不耐严寒；喜肥沃、湿润、排水良好的中性、微酸土和钙质土，耐轻度盐碱。
绿化应用 观花、观姿态。树姿挺拔，可作庭园树、行道树。

梓树 紫葳科·梓属
Catalpa ovata

- 花期：5月
- 果期：7~8月

形态特征 落叶乔木。一般高8m，可达15m。叶对生或近对生。圆锥花序，花淡黄色。蒴果长线形，种子两端具长毛。
分　布 分布于长江流域及以北地区，各地有栽培。
生态习性 喜光，稍耐阴；耐寒；喜深厚、肥沃、湿润的土壤，不耐干旱瘠薄，耐轻度盐碱。
绿化应用 观花、观姿态。树冠伞形，主干通直，可作庭园树、行道树。

黄金树 紫葳科·梓属
Catalpa speciosa

- 花期：5~6月
- 果期：8~9月

形态特征 落叶乔木。一般高8m，可达15m。叶对生。圆锥花序，花冠钟状唇形，白色。蒴果，种子两端具长毛。
分　布 原产美国中部至东部，我国引种栽培。
生态习性 喜光，不耐阴；喜湿润凉爽气候，稍耐寒；宜深厚、肥沃、疏松的土壤，不耐瘠薄。
绿化应用 观花、观姿态。树形优美，可作庭园树、行道树。

水杨梅
Adina rubella
茜草科·水团花属

- 花期：6~8 月
- 果期：9~12 月

形态特征　落叶灌木。高 1~3m。小枝被褐色毛，后脱落。叶对生，薄革质。头状花序，花淡紫红色。果序球形。
分　布　分布于长江以南地区，各地有栽培。
生态习性　喜光；喜温暖湿润气候，较耐寒，不耐高温；耐旱，较耐水湿；宜排水良好的微酸性土壤。
绿化应用　观花、观果。可作庭园观赏植物

栀子
Gardenia jasminoides
茜草科·栀子属

- 花期：6~8 月
- 果期：9~11 月

形态特征　常绿灌木。高 1~3m。叶对生或轮生，革质。花大，白色。浆果有 5~7 纵棱，橙红色。
分　布　分布于我国南部和中部，各地有栽培。
生态习性　喜阴；喜温暖湿润气候，稍耐寒；耐旱，较耐水湿；喜肥沃的酸性土壤，耐轻度盐碱。
绿化应用　观花、观果。叶色亮绿，花洁白芳香，栽于庭园路旁或盆栽观赏。
品　种　**狭叶栀子**（*Gardenia jasminoides* 'Radicans'）为栀子的栽培品种，植株矮小平铺地面，花、叶皆小。

狭叶栀子

六月雪
Serissa japonica
茜草科·白马骨属

- 花期：5~6 月
- 果期：7~8 月

形态特征　常绿灌木。高 1~2m。叶对生，革质。花单生或数朵簇生，花淡红色或白色。核果。
分　布　分布于华东、华中、西南地区，各地有栽培。
生态习性　喜阴；喜温暖气候，不耐寒；较耐水湿；对土壤要求不严，中性、微酸性土均能适应。
绿化应用　观花。可作庭园观赏植物，也用于制作盆景。
品　种　**金边六月雪**（*Serissa japonica* 'Variegata'）为六月雪的栽培品种，叶片较大，叶缘金黄色。

金边六月雪

大花六道木 忍冬科·六道木属
Abelia×grandiflora

- 花期：9~10 月
- 果期：11~12 月

形态特征 半常绿灌木。高 1~2m。叶对生。花单朵生于叶腋，组成圆锥花序，花白色，有时淡粉红色。瘦果。

分　布 本种为蓪梗花（*Abelia engleriana*）与糯米条（*Abelia chinensis*）的人工杂交种，各地有栽培。

生态习性 较耐阴；喜温暖气候，较耐寒；较耐旱，不耐水湿；耐干旱瘠薄，耐轻度盐碱。

绿化应用 观花。美丽的花灌木，可作花篱、地被等。

品　种 **金叶大花六道木**（*Abelia×grandiflora* 'Francis Mason'）为大花六道木的栽培品种，叶片黄绿色至黄色，光照不足或老时叶片常为绿色。

金叶大花六道木

匍枝亮叶忍冬 忍冬科·忍冬属
Lonicera ligustrina var. *yunnanensis* 'Maigrun'

- 花期：4~6 月
- 果期：9~10 月

形态特征 常绿或半常绿灌木。高 1~2m。叶革质，近圆形，上面光亮。浆果球形，熟时由红变黑色。

分　布 本种为亮叶忍冬的栽培品种，原种分布于西南、西北地区，各地有栽培。

生态习性 喜光，稍耐阴；较耐寒；耐轻度盐碱。

绿化应用 观叶。匍匐生长的灌木，宜作地被种植，也可种植于草坪边缘或园路拐角处。

荚蒾 五福花科·荚蒾属
Viburnum dilatatum

- 花期：5~6 月
- 果期：9~11 月

形态特征 落叶灌木。高 2~3m。嫩枝有星状毛。叶对生，纸质。复聚伞花序，花白色。核果红色，近球形。

分　布 分布于长江以南地区，各地有栽培。

生态习性 较耐阴；喜温暖湿润气候，较耐寒；宜肥沃的微酸性土壤。

绿化应用 观花、观果。果红艳，可栽植于庭园观赏。

木绣球　五福花科·荚蒾属
Viburnum macrocephalum

● 花期：4~5 月

形态特征	落叶或半常绿灌木。高 2~4m。叶对生，纸质。大型聚伞花序呈球形，全由不孕花组成，花冠白色。
分　布	分布于我国广大地区，各地广泛栽培。
生态习性	稍耐阴；喜温暖气候，稍耐寒；较耐旱；宜排水良好的微酸性至中性土。
绿化应用	观花。树姿开展圆整，春季花似雪球，为传统观赏树种。

琼花　五福花科·荚蒾属
Viburnum macrocephalum f. *keteleeri*

● 花期：4 月
● 果期：9~10 月

形态特征	与原种木绣球（*Viburnum macrocephalum*）区别在于花序仅周围具大型的白色不孕花，花序中央为可孕花，花冠白色。核果红色而后变黑色。
分　布	分布于华中、华南地区，各地有栽培。
生态习性	稍耐阴；喜温暖气候，稍耐寒；较耐旱；宜排水良好的微酸性至中性土。
绿化应用	观花。可作庭园观赏植物。

日本珊瑚树　五福花科·荚蒾属
Viburnum odoratissimum var. *awabuki*

● 花期：4~5 月
● 果期：9~11 月

形态特征	常绿灌木或小乔木。一般高 2m，可达 10m。叶对生，革质。聚伞花序，花白色。核果先红色后变黑色。
分　布	分布于华东、华中地区，各地有栽培。
生态习性	喜光，稍耐阴；喜温暖气候，不耐寒；喜中性土壤，耐轻度盐碱。
绿化应用	观姿态。常栽作绿篱，耐火力强，可作防火隔离树带。

地中海荚蒾　　五福花科·荚蒾属
Viburnum tinus

● 花期：11月～翌年3月

形态特征 常绿灌木。高1~3m。小枝具2条纵棱。叶对生。聚伞花序，花蕾红色，开放时白色。果熟时蓝黑色。

分　布 原产地中海，我国引种栽培。

生态习性 较耐阴；喜温暖气候，稍耐寒；较耐旱，不耐水湿。

绿化应用 观花。花有香味，花期从冬季至春季，是良好的庭园观赏植物。

西洋接骨木　　五福花科·接骨木属
Sambucus nigra

● 花期：4~5月
● 果期：7~8月

形态特征 落叶乔木或大灌木。一般高4m，可达10m。羽状复叶有小叶1~3对。圆锥花序，花黄白色。果实亮黑色。

分　布 原产欧洲，我国引种栽培。

生态习性 喜光，稍耐阴；较耐寒；较耐旱；宜肥沃、疏松的土壤。

绿化应用 观花、观果。枝叶浓密，春季花开时满树白花，可作园林观赏树种。

接骨木　　五福花科·接骨木属
Sambucus williamsii

● 花期：4~5月
● 果期：9~10月

形态特征 落叶灌木或小乔木。一般高2m，可达6m。羽状复叶对生。圆锥花序，花冠蕾时带粉红色，后黄白色。浆果状核果，红色。

分　布 分布于东北、西南及南岭以北地区，各地有栽培。

生态习性 喜光；耐寒；较耐旱、水湿；耐中度盐碱。

绿化应用 观花、观果。花果美观，是良好的观赏花灌木，宜植于草坪、林缘、水边等地。

海仙花 锦带花科·锦带花属
Weigela coraeensis

- 花期：5~6 月
- 果期：7~10 月

形态特征 落叶灌木。高 3~5m。叶对生，背面被毛。花单生或聚伞花序，花初时白色或淡红色，后深红色。

分　布 分布于华东、华南地区，各地有栽培。

生态习性 较耐阴；较耐寒；耐瘠薄，喜湿润、肥沃的土壤。

绿化应用 观花。花色美，花期长，可栽作庭园观赏植物。

锦带花 锦带花科·锦带花属
Weigela florida

- 花期：4~6 月

形态特征 落叶灌木。高 1~3m。叶对生，背面被毛。花单生或成聚伞花序，花紫红色或玫瑰红色。蒴果。

分　布 分布于东北、华北、华东及华中地区，各地有栽培。

生态习性 喜光；耐寒；对土壤要求不严，耐瘠薄，宜肥沃、深厚、湿润、排水良好的土壤。

绿化应用 观花。花色艳丽，花期长，是很好的庭园观赏植物。

品　种 **红王子锦带花**（*Weigela florida* 'Red Prince'）为锦带花的栽培品种，花朵密集，花冠深玫瑰红色。

红王子锦带花

紫叶小檗　小檗科 · 小檗属
Berberis thunbergii 'Atropurpurea'

- 花期：4~6月
- 全株有毒
- 果期：9~10月

形态特征	落叶灌木。高1~2m。具刺，幼枝、叶均为红色至暗紫红色。伞形花序，花黄色。果熟时红色。
分　布	日本小檗（*Berberis thunbergii*）的栽培品种。原产日本，我国引种栽培。
生态习性	喜光，稍耐阴；耐寒；宜肥沃、排水良好的砂质土壤。
绿化应用	观叶。常作为绿篱种植于庭园中。

阔叶十大功劳　小檗科 · 十大功劳属
Mahonia bealei

- 花期：9月~翌年1月
- 全株有毒
- 果期：3~5月

形态特征	常绿灌木。高1~2m。一回奇数羽状复叶，互生。总状花序，花黄色。浆果熟时深蓝色，被白粉。
分　布	分布于我国广大地区，各地有栽培。
生态习性	喜阴；喜温暖湿润气候，不耐严寒；耐旱；宜排水良好的砂质土壤。
绿化应用	观花、观果。为庭园观赏植物，可用于基础种植或栽作绿篱。

十大功劳　小檗科 · 十大功劳属
Mahonia fortunei

- 花期：7~9月
- 全株有毒
- 果期：9~11月

形态特征	常绿灌木。高1~2m。一回奇数羽状复叶，互生。总状花序，花黄色。浆果熟时紫黑色，被白粉。
分　布	分布于四川、湖北、浙江，各地有栽培。
生态习性	喜阴；较耐寒；耐旱；宜湿润、排水良好、肥沃的砂质土壤。
绿化应用	观花。为庭园观赏植物，可点缀于假山上或水边溪畔，也可作绿篱。

南天竹
Nandina domestica

小檗科·南天竹属

- 花期：5 月
- 果期：10 月 ~ 翌年 3 月
- 全株有毒

形态特征	常绿灌木。高 1~3m。二至三回羽状复叶，互生。圆锥花序，花白色。浆果球形，鲜红色。
分　布	分布于我国广大地区，各地有栽培。
生态习性	喜半阴，在强光下亦能生长；喜温暖气候，不耐寒；宜肥沃、湿润、排水良好的土壤。
绿化应用	观花、观叶、观果。枝叶扶疏，秋冬季叶色及果实红艳，为优良的观赏植物。

品　种 **火焰南天竹**（*Nandina domestica* 'Fire Power'）为南天竹的栽培品种，植株低矮（30~60cm），幼叶和秋冬叶紫红色。

孝顺竹（慈孝竹）
Bambusa multiplex

禾本科·簕竹属

● 笋期：6~9月

形态特征 竹类。高2~8m。幼时薄被白粉及浅棕色小刺毛，分枝簇生。末级小枝具5~12叶，叶背面密生短柔毛。

分　　布 分布于我国广大地区，各地有栽培。

生态习性 喜光；喜温暖湿润气候；宜湿润、排水良好的土壤。

绿化应用 观姿态。姿态优美，可栽于庭园观赏或作绿篱。

品　　种 小琴丝竹（*Bambusa multiplex* 'Alphonse-Karr'）为孝顺竹的栽培品种，又名花孝顺竹，与孝顺竹不同处在于竿黄色并有绿纵纹。

凤尾竹（*Bambusa multiplex* 'Fernleaf'）为孝顺竹的栽培品种，竿丛密生，高1~3米，每小枝具9~13叶，叶片披针形。

小琴丝竹

凤尾竹

阔叶箬竹
Indocalamus latifolius

禾本科·箬竹属

● 笋期：4~5 月

形态特征 竹类。高 1~1.5m。竿微被毛，节下有淡黄色粉质毛环。叶有显著小横脉，背面灰绿色，有微毛。
分　布 分布于长江以南地区，各地有栽培。
生态习性 较耐阴；喜温暖湿润气候；较耐旱；耐中度盐碱。
绿化应用 观姿态。在庭园中，可作地被或与山石配植。

箬竹
Indocalamus tessellatus

禾本科·箬竹属

● 笋期：4~5 月

形态特征 竹类。高 0.7~1.5m。竿节下有红棕色、贴竿的毛环。叶片宽披针形或长圆状披针形。圆锥花序。
分　布 分布于华东、华中地区，各地有栽培。
生态习性 较耐阴；喜温暖湿润气候；较耐旱。
绿化应用 观姿态。在庭园中，可作地被或与山石配植。

人面竹（罗汉竹）
Phyllostachys aurea

禾本科·刚竹属

● 笋期：5 月

形态特征 竹类。高 5~12m。幼竿密被白粉，无毛；节间肿胀或缢缩，节有时斜歪。叶片狭长披针形或披针形。
分　布 分布于黄河流域以南地区，各地有栽培。
生态习性 喜光；较耐寒；宜肥沃、疏松、排水良好的土壤。
绿化应用 观枝干、观姿态。多为栽培供观赏。

黄槽竹　禾本科·刚竹属
Phyllostachys aureosulcata

● 笋期：4~5月

形态特征　竹类。高6~9m。竿基部有时数节作"之"字形折曲，新竿被白粉及柔毛；节间分枝一侧的沟槽为黄色，其他部分为绿色或黄绿色。末级小枝具2~3叶。

分　布　分布于华东地区，各地有栽培。

生态习性　喜光；较耐寒；喜向阳、背风、空气湿润环境。

绿化应用　观枝干、观姿态。竿色美丽，是优良的观赏竹。

品　种　**金镶玉竹**（*Phyllostachys aureosulcata* 'Spectabilis'）为黄槽竹的栽培品种，竿黄色而有绿色条纹，为优良的观赏竹种。

金镶玉竹

毛竹　禾本科·刚竹属
Phyllostachys edulis

● 笋期：4月

形态特征　竹类。高10~20m。幼竿密被白粉和细柔毛。末级小枝具2~4叶，叶片披针形。

分　布　分布于长江流域及以南地区，各地有栽培。

生态习性　喜光；喜温暖湿润气候，耐寒；宜深厚、肥沃、排水良好的酸性砂质土壤。

绿化应用　观姿态。冬季采挖于地面以下的笋为"冬笋"，春季长出地面的笋为"毛笋"，均可食用。

品　种　**龟甲竹**（*Phyllostachys edulis* 'Heterocycla'）为毛竹的栽培品种，主要栽作观赏，其竿中部以下的节间呈不规则短缩肿胀，并相邻的节交互倾斜而于一侧彼此上下相接或近于相接。

水竹 禾本科·刚竹属
Phyllostachys heteroclada

● 笋期：5月

形态特征 竹类。高 2~6m。新竿具白粉并疏生毛。末级小枝具 2 叶，稀 1 或 3 叶，叶片披针形，背面基部有毛。

分　布 分布于长江流域和黄河流域，各地有栽培。

生态习性 喜光；喜温暖湿润气候；宜肥沃、疏松、排水良好的土壤。

绿化应用 观姿态。篾性好，可用于编织凉席、工艺品等；笋可食用。

红哺鸡竹 禾本科·刚竹属
Phyllostachys iridescens

● 笋期：4月

形态特征 竹类。高 6~12m。幼竿绿色，被白粉。箨鞘紫红色或淡红褐色，背部密生紫褐色斑点，无毛。

分　布 分布于华东地区，各地有栽培。

生态习性 喜光；喜温暖湿润气候；宜肥沃、疏松、排水良好的土壤。

绿化应用 观姿态。笋可食用。

紫竹 禾本科·刚竹属
Phyllostachys nigra

● 笋期：4月下旬

形态特征 竹类。高 4~8m，新竿绿色，密被细毛和白粉，一年生以后的竿逐渐先出现紫斑，后变为紫黑色。末级小枝具 2~3 叶。

分　布 分布于我国广大地区，各地有栽培。

生态习性 喜光，较耐阴；较耐寒；较耐水湿；宜酸性、肥沃、湿润的土壤。

绿化应用 观姿态。为优良的观赏竹种，竹材较坚韧，可用于制作手杖、伞柄、乐器及工艺品。

斑竹（湘妃竹） 禾本科·刚竹属
Phyllostachys reticulata f. lacrima-deae

● 笋期：5 月

形态特征 竹类。高 7~20m。新竿无毛，其竿有紫褐色斑块与斑点，分枝也有同样的斑点。末级小枝具 2~4 叶。

分　　布 分布于黄河至长江流域，各地有栽培。

生态习性 喜光；喜温暖湿润气候，耐寒；宜肥沃、疏松、排水良好的土壤。

绿化应用 观姿态。竿可作小型建筑用材和各种农具柄；笋供食用。也作观赏竹栽培。

金竹 禾本科·刚竹属
Phyllostachys sulphurea

● 笋期：5 月

形态特征 竹类。高 6~15m，微被白粉，成长的竿呈绿色或黄绿色，在 10 倍放大镜下可见猪皮状小凹穴或白色晶体状小点。末级小枝有 2~5 叶，叶片长圆状披针形或披针形。

分　　布 分布于黄河至长江流域，各地有栽培。

生态习性 喜光；喜温暖湿润气候，耐寒；宜肥沃、疏松、排水良好的土壤。

绿化应用 观姿态、观枝干。竿可作小型建筑用材和各种农具柄；笋供食用。也作观赏竹栽培。

乌哺鸡竹 禾本科·刚竹属
Phyllostachys vivax

● 笋期：4 月

形态特征 竹类。高 5~15m。新竿绿色，节下具白粉环，无毛；老竿灰绿色至淡黄绿色，有较明显纵脊纹；末级小枝具 2~3 叶；叶片较长大而呈簇生状下垂。

分　　布 分布于江苏、浙江，各地有栽培。

生态习性 喜光；喜温暖湿润气候，稍耐寒；耐瘠薄，宜肥沃、疏松、排水良好的土壤。

绿化应用 观姿态。笋鲜美，为良好的笋用竹种；竹篾可编制篮、筐等。

品　种　黄竿乌哺鸡竹（*Phyllostachys vivax* 'Aureocaulis'）和**黄纹竹**（*Phyllostachys vivax* 'Huangwenzhu'）为乌哺鸡竹的栽培品种，前者竿黄色，并在竿的中、下部偶有几个节间具 1 至数条绿色纵条纹；后者竿绿色，沟槽黄色。二者竿的色彩鲜艳，是优良的观赏竹。

黄纹竹

黄竿乌哺鸡竹

铺地竹　禾本科·苦竹属
Pleioblastus argenteostriatus

形态特征　竹类。高 30~50cm。叶在小枝上二列状排列，卵状披针形，绿色，春天发新叶时部分叶具白色纵条纹。
分　布　分布于浙江，各地有栽培。
生态习性　耐阴；喜温暖湿润气候；宜肥沃、疏松、排水良好的土壤。
绿化应用　观叶。植株低矮，宜作地被。

菲白竹　禾本科·苦竹属
Pleioblastus fortunei

● 笋期：4 月

形态特征　竹类。高 10~80cm。竿不分枝或每节仅分 1 枝。小枝具 4~7 叶，叶披针形，绿色而常有黄色至白色的纵条纹，两面具白色柔毛。
分　布　原产日本，我国引种栽培。
生态习性　耐阴；喜温暖湿润气候；宜肥沃、疏松、排水良好的土壤，耐中度盐碱。
绿化应用　观叶。植株低矮，宜作地被，也可用于制作盆景。

大明竹　禾本科·苦竹属
Pleioblastus gramineus

● 笋期：5月

形态特征　竹类。高 3~5m。竿节下具粉环。叶片狭长披针形或线状披针形，近革质。颖果纺缍形。
分　布　原产日本，我国引种栽培。
生态习性　耐阴；喜温暖湿润气候；宜肥沃、疏松、排水良好的土壤。
绿化应用　观姿态、观枝干。常作庭园观赏竹种

鹅毛竹　禾本科·鹅毛竹属
Shibataea chinensis

● 笋期：5~6月

形态特征　竹类。高 0.6~1m。竿环显著隆起。每节分 3~5 枝，每枝仅具 1 叶，偶有 2 叶，叶缘有小锯齿。
分　布　分布于华南、华东地区，各地有栽培。
生态习性　较耐阴；喜温暖湿润气候；宜排水良好的土壤，耐中度盐碱。
绿化应用　观姿态。植株较低矮，可作地被，也可作绿篱。

短穗竹　禾本科·短穗竹属
Semiarundinaria densiflora

● 笋期：5~6月

形态特征　竹类。高 2m。新竿被倒向的白色细毛，老竿则无毛。每节通常分 3 枝，叶片背面灰绿色，有微毛。
分　布　分布于华中、华东、华南地区，我国特产。
生态习性　喜光，稍耐阴；喜温暖湿润气候，不耐寒；自然生长于低海拔的平原和向阳山坡路边，耐中度盐碱。
绿化应用　观姿态。竿可做钓鱼竿、鸡毛掸柄等；笋味略苦，不堪食用。

布迪椰子
棕榈科·冻椰属
Butia capitata

- 花期：4~6 月
- 果期：翌年 7~11 月

形态特征 常绿灌木或小乔木。高 4~6m。叶羽状全裂。圆锥花序，具大型佛焰苞，花淡黄色、淡红色。果黄色至橙色。

分　布 原产巴西和乌拉圭，我国引种栽培。

生态习性 喜光；喜温暖环境，较耐寒；不耐水湿；耐干旱瘠薄；宜肥沃、排水良好的土壤。

绿化应用 观果、观姿态。树形优美，可用于庭园绿化；果实可加工成果冻食用。

棕榈
棕榈科·棕榈属
Trachycarpus fortunei

- 花期：5~6 月
- 果期：8~9 月

形态特征 常绿小乔木。一般高 4m，可达 8m。叶片圆扇形，有狭长皱折，掌裂至中部。雌雄异株；花黄色。核果。

分　布 分布于长江以南地区，各地有栽培。

生态习性 喜光，较耐阴；喜温暖湿润气候，较耐寒；喜肥沃、湿润而排水良好的土壤，耐轻度盐碱。

绿化应用 观果、观姿态。为优良的庭园绿化树种；能抗有毒气体（二氧化硫），可作净化大气污染的树种。

凤尾丝兰
石蒜科·丝兰属
Yucca gloriosa

- 花期：6~10 月

形态特征 常绿灌木。高 2~3m。叶密集排列枝顶，剑形。圆锥花序，花葶高大而粗壮，高可达 1 米，花钟状，白色。

分　布 原产北美，我国引种栽培。

生态习性 喜光；较耐寒；较耐水湿；喜排水良好的砂质土壤。

绿化应用 观叶、观花。常年绿色，花色洁白、形如垂铃，叶形如剑，为良好的观赏植物。

第二节
SECTION 2
草 本

肾蕨　肾蕨科·肾蕨属
Nephrolepis cordifolia

形态特征 多年生草本。根状茎直立。叶簇生，叶片线状披针形或狭披针形，一回羽状互生。孢子囊群肾形。

分　布 分布于华东、华中、华南及西南地区，各地有栽培。

生态习性 喜阴；喜温暖湿润环境，不耐寒。

绿化应用 观叶。为普遍栽培的观赏蕨类，冬季易受冻害。

鱼腥草　三白草科·蕺菜属
Houttuynia cordata

● 花期：5~7月

形态特征 多年生草本。茎下部伏地，上部直立。叶薄纸质，密被腺点。蒴果。

分　布 分布于我国中部、东南至西南部地区，各地有栽培。

生态习性 较耐阴；喜温暖湿润环境；耐寒；耐水湿，较耐旱；宜肥沃的砂质、腐殖质土壤。

绿化应用 观花。可用于林缘地被植物、阴湿地布置花境，点缀池塘边、庭院假山。

三白草　三白草科·三白草属
Saururus chinensis

● 花期：4~6月

形态特征 多年生草本。茎粗壮。叶纸质，密生腺点，阔卵形至卵状披针形。花序白色。果近球形。

分　布 分布于河北、山东、河南和长江以南地区，各地有栽培。

生态习性 喜光或部分遮荫；耐水湿；喜潮湿的土壤，在浅水中生长良好，耐轻度盐碱。

绿化应用 观花。可用于滨水区绿化。

红蓼　蓼科·蓼属
Polygonum orientale

● 花期：6~7 月

形态特征　一年生草本。茎直立。叶宽卵形、宽椭圆形或卵状披针形。总状花序呈穗状，花红色。
分　布　分布于我国广大地区，各地有栽培。
生态习性　喜光，耐阴；耐寒；耐旱，耐水湿；耐瘠薄，耐中度盐碱。
绿化应用　观花。适宜布置花境、路边，或栽植于疏林下。

鸡冠花　苋科·青葙属
Celosia cristata

● 花期：7~9 月

形态特征　一年生草本。花多数，成扁平肉质鸡冠状、卷冠状或羽毛状的穗状花序，花色鲜艳多样。
分　布　分布于我国广大地区，各地广泛栽培。
生态习性　喜光；喜温暖，不耐热；忌积水，较耐旱；喜排水良好的土壤，不耐瘠薄。
绿化应用　观花。可用于花坛和盆栽观赏，或用于花境和切花。

千日红　苋科·千日红属
Gomphrena globosa

● 花期：6~9 月

形态特征　一年生草本。叶片纸质。顶生球形或长圆形头状花序，花紫红、白色。
分　布　原产亚洲热带，我国引种栽培。
生态习性　喜光；喜炎热干燥气候，不耐寒。
绿化应用　观花。头状花序经久不变，可用作花坛及盆景。

环翅马齿苋　马齿苋科·马齿苋属
Portulaca umbraticola

● 花期：5~10 月

形态特征	一年生草本。茎平卧或斜倚。叶互生，有时近对生。花色多样丰富，还有重瓣品种。蒴果。
分　布	原产巴西，我国引种栽培。
生态习性	喜光；耐热；耐旱，耐水湿；喜肥沃土壤，耐瘠薄。
绿化应用	观花。葡匐性好，为优良的地被植物，园林中常用于花坛、花境、园路边、阶旁绿化。

须苞石竹（美国石竹）石竹科·石竹属
Dianthus barbatus

● 花期：5~10 月

形态特征	多年生草本。叶片披针形。花序头状，花常红紫色，有白点斑纹。蒴果卵状长圆形。
分　布	原产欧洲、亚洲，我国引种栽培。
生态习性	喜光，不耐阴；耐寒；喜干燥、通风凉爽环境；耐旱；喜排水良好、含石灰质的肥沃土壤。
绿化应用	观花。主要应用于花坛。

杂交品种 **西洋石竹**（*Dianthus deltoides × hybrida*）为石竹属的一个杂交种，花紫红色。

莲（荷花）
Nelumbo nucifera

莲科·莲属

- 花期：6~8 月
- 果期：8~10 月
- 保护等级：二级

形态特征 多年生草本。根状茎，内有多数纵行通气孔道。叶圆形。花单生于花葶顶端，粉红、红、白色。
分　　布 除西藏、内蒙古和青海等地外，全国广泛分布，各地广泛栽培。
生态习性 喜光；喜温暖；对光照要求高，在强光下生长发育快、开花早。
绿化应用 观花、观果。为园林水景中造景的主要植物，可在大水面片植或小水面丛植，也可盆栽或缸栽布置庭院。

芡实
Euryale ferox

睡莲科·芡属

- 花期：7~8 月

形态特征 一年生草本。具刺。沉水叶箭形或椭圆肾形，浮水叶革质。花单生叶腋，紫红色。
分　　布 分布于我国广大地区，各地有栽培。
生态习性 喜光；深水或浅水均能生长，以在气候温暖、阳光充足、泥土肥沃之处生长为最佳。
绿化应用 观花、观叶。用于水面绿化，颇有野趣。

萍蓬草 睡莲科·萍蓬草属
Nuphar pumila

● 花期：5~7月

形态特征 多年生草本。根状茎。叶纸质。花单生叶腋，伸出水面，金黄色。萼片呈花瓣状。浆果卵形。

分　布 分布于东北、华北、华南地区，各地有栽培。

生态习性 喜光；喜温暖；喜流动的水体；不择土壤，喜肥沃黏质土。

绿化应用 观花。为夏季水景园的重要花卉，可片植或丛植，也可盆栽装点庭院。

睡莲 睡莲科·睡莲属
Nymphaea tetragona

● 花期：6~8月

形态特征 多年生草本。根状茎。叶心状卵形或卵状椭圆形。栽培种类多，花色多样，如红睡莲、黄睡莲等。

分　布 分布于我国广大地区，各地广泛栽培。

生态习性 喜光线充足、通风良好、水质清洁环境；喜温暖。

绿化应用 观花、观叶。现代园林水景中重要的浮水花卉，适合丛植以丰富水景，适宜在庭院的水池中布置。

红睡莲

金鱼藻　金鱼藻科 · 金鱼藻属
Ceratophyllum demersum

● 花期：6~7 月

形态特征　多年生草本。茎细长，分枝。叶轮生，1~2 次二叉状分歧，裂片丝状，或丝状条形。坚果宽椭圆形。
分　布　分布于我国广大地区，各地有栽培。
生态习性　沉水植物；喜光；适应性强，在清水中生长良好，较耐浑水。
绿化应用　可用于美化、净化水体。

芍药　芍药科 · 芍药属
Paeonia lactiflora

● 花期：5~6 月

形态特征　多年生草本。地下具粗壮肉质纺锤形根。小叶椭圆形。花顶生茎上，白色。蓇葖果。
分　布　分布于我国广大地区，各地有栽培。
生态习性　较耐阴；喜冷凉，忌高温多湿；宜肥沃、湿润、排水良好的砂质土壤，忌盐碱及低洼地。
绿化应用　观花。春季重要的园林花卉，常与牡丹共同组成牡丹芍药园，也可丛植或孤植于庭院中。

虞美人　罂粟科 · 罂粟属
Papaver rhoeas

● 花期：3~8 月

形态特征　一年生草本。叶羽状深裂，有乳汁。花单生茎枝顶端，花色有红、粉红、淡紫及复色等。
分　布　原产欧洲，我国引种栽培。
生态习性　喜光；喜冷凉，忌高温；较耐旱、水湿；耐轻度盐碱。
绿化应用　观花。花色艳丽，趣味性强，可片植于林缘或路旁。

羽衣甘蓝　十字花科·芸薹属
Brassica oleracea var. acephala

● 花期：4 月

形态特征　二年生草本。叶基生，叶大而肥厚，叶色丰富，叶形多变。总状花序，花黄色。
分　布　原产欧洲，我国引种栽培。
生态习性　喜光；较耐寒，忌高温多湿；喜疏松、肥沃的砂质土壤；耐轻度微碱。
绿化应用　观叶。为华中以南地区冬季花坛的主要材料，也可盆栽。

紫罗兰　十字花科·紫罗兰属
Matthiola incana

● 花期：3~4 月或 12 月~翌年 1 月

形态特征　二年生草本。茎直立。叶互生，长圆形至披针形。总状花序，花紫红、淡红色。
分　布　原产欧洲地中海沿岸，我国引种栽培。
生态习性　喜光，稍耐半阴；较耐寒，华南地区可露地越冬。
绿化应用　观花。花朵丰盛，色艳香浓，可用于花境或盆栽。

诸葛菜（二月兰）十字花科·诸葛菜属
Orychophragmus violaceus

● 花期：3~5 月

形态特征　二年生草本。茎直立。基生叶心形，锯齿不整齐。花紫或白色。种子黑棕色，有纵条纹。
分　布　分布于我国广大地区，各地有栽培。
生态习性　耐半阴；耐寒；较耐旱、水湿；耐中度盐碱。
绿化应用　观花。适播种于疏林地、林缘。

八宝景天　　景天科·八宝属
Hylotelephium erythrostictum

● 花期：8~10 月

形态特征　多年生草本。块根胡萝卜状。茎直立。叶对生，边缘有疏锯齿。伞房状花序，花白色或粉红色。

分　布　分布于我国广大地区，各地有栽培。

生态习性　喜光；耐寒；耐旱；耐瘠薄，耐轻度盐碱。

绿化应用　观花、观叶。叶丛翠绿，花密成片，可用于花境、林缘。

佛甲草　　景天科·景天属
Sedum lineare

● 花期：4~5 月

形态特征　多年生草本。植株低矮，肉质。3 叶轮生，线形。花序聚伞状，花黄色。

分　布　分布于我国广大地区，各地有栽培。

生态习性　耐半阴；耐旱，较耐水湿；喜排水良好的砂质土壤，耐轻度盐碱。

绿化应用　观花、观叶。五色草材料之一，可用于模纹花坛中。

垂盆草　　景天科·景天属
Sedum sarmentosum

● 花期：5~7 月

形态特征　多年生草本。植株光滑无毛，匍匐于地面，肉质。3 叶轮生。聚伞花序，花黄色。

分　布　分布于我国广大地区，各地有栽培。

生态习性　喜光，耐半阴；耐寒；耐旱，较耐水湿；宜肥沃的黑砂质土壤，耐轻度盐碱。

绿化应用　观花、观叶。园林中较好的耐阴地被植物，也可用于花坛、盆栽。

肾形草（矾根）
虎耳草科·矾根属
Heuchera micrantha

● 花期：4~10 月

形态特征 多年生草本。叶基生，阔心形，深紫色。花钟状，粉红色，两侧对称。
分　布 原产北美，我国引种栽培。
生态习性 较耐阴；耐寒；宜肥沃、排水良好、富含腐殖质的土壤。
绿化应用 观花、观叶。可作林下花境、地被、庭院绿化。

羽扇豆（鲁冰花）
豆科·羽扇豆属
Lupinus micranthus

● 全株有毒
● 花期：3~5 月

形态特征 一年生草本。茎上升或直立，基部分枝。掌状复叶。总状花序，花色鲜艳多样。荚果长圆状线形。
分　布 原产地中海区域，我国引种栽培。
生态习性 喜光；较耐旱；喜排水好的砂质土壤。
绿化应用 观花。可作花坛及盆景。

红花酢浆草
酢浆草科·酢浆草属
Oxalis corymbosa

● 花期：3~12 月

形态特征 多年生草本。地下部分有球状鳞茎。叶基生。总花梗基生，二歧聚伞花序，花紫红色。
分　布 原产南美热带地区，我国引种栽培。
生态习性 喜光，耐半阴；喜温暖，畏酷暑，夏季高温时处于半休眠状态。
绿化应用 观花。优良的地被植物，适合在花坛、花境、疏林地及林缘大片种植。
品　种 **紫叶酢浆草**（*Oxalis triangularis* 'Urpurea'）是与红花酢浆草同属的地被植物，叶紫色，花淡紫色。

紫叶酢浆草

天竺葵 牻牛儿苗科·天竺葵属
Pelargonium hortorum

● 花期：5~7 月

形态特征 多年生草本。茎基部木质化。叶互生，叶片圆形或肾形，基部心形。伞形花序，花红、橙、粉、白色。

分　布 原产非洲南部，我国引种栽培。

生态习性 喜光，耐半阴；喜冬暖夏凉的环境，不耐寒；耐干旱；稍耐盐碱。

绿化应用 观花。花大艳丽，可用于花境或盆栽。露地栽种冬季易受冻害。

非洲凤仙花 凤仙花科·凤仙花属
Impatiens walleriana

● 花期：6~10 月

形态特征 多年生草本。茎直立。叶互生或上部螺旋状排列。花大小及颜色多变化。

分　布 原产非洲，我国引种栽培。

生态习性 喜光；耐热，不耐寒；喜疏松、肥沃的土壤。

绿化应用 观花。常用作花坛、花境。露地栽种不能越冬。

锦葵 锦葵科·锦葵属
Malva cathayensis

● 花期：9~11 月

形态特征 二年生草本。叶圆心形或肾形，具 5~7 圆齿状钝裂片。花紫红色、白色。

分　布 分布于全国各地；印度也有分布。

生态习性 喜光；耐寒；耐旱；宜肥沃、排水良好土壤。

绿化应用 观花。可在花坛、花境、林缘等种植。

蜀葵　锦葵科·蜀葵属
Alcea rosea

● 花期：2~8 月

形态特征　二年生草本。全株被毛。茎直立。单叶互生，叶掌状 5~7 浅裂或角裂。总状花序，花色鲜艳多样。

分　布　分布于我国广大地区，各地广泛栽培。

生态习性　喜光，耐半阴；耐寒；喜肥沃、深厚的土壤。

绿化应用　观花。夏季重要的园林花卉，在建筑物前或墙垣前丛植或列植，可作竖线条的花卉。

熊猫堇　堇菜科·堇菜属
Viola banksii

● 花期：4~5 月、9~11 月

形态特征　多年生草本。地下具细根茎。单叶，长卵形。花梗从叶腋抽生而出，顶生，蓝紫色。

分　布　原产澳大利亚，我国引种栽培。

生态习性　喜光；喜温暖，不耐热；喜疏松、肥沃的土壤，忌积水。

绿化应用　观花。优秀的花坛、花境花卉，可盆栽欣赏。

角堇　菫菜科·菫菜属
Viola cornuta

● 花期：春、秋、冬（温室培育）

形态特征　多年生草本。地下具细根茎。单叶，长卵形。花梗从叶腋抽生而出，顶生，花色鲜艳多样。

分　布　原产西班牙和法国，我国引种栽培。

生态习性　较耐阴；喜温暖，不耐热；喜疏松、肥沃的土壤，忌积水。

绿化应用　观花。多用于布置花坛、花境，也适合在公园、绿地、庭院等路边栽植。

紫花地丁　菫菜科·菫菜属
Viola philippica

● 花期：4~5 月

形态特征　多年生草本。叶窄卵状披针形或长圆状卵形。花紫堇色或淡紫色，稀白色，喉部有紫色条纹。蒴果。

分　布　分布于长江流域以北地区，各地有栽培。

生态习性　耐半阴；耐寒；较耐旱、水湿；耐中度盐碱。

绿化应用　观花。自然散生，片植于林缘、林下、草坪。

三色堇　菫菜科·菫菜属
Viola tricolor

● 花期：春、秋、冬（温室培育）

形态特征　多年生草本。茎直立或横卧。上花瓣深紫堇色，侧方及下方花瓣均为三色。蒴果椭圆形。

分　布　原产欧洲，我国引种栽培。

生态习性　较耐阴；耐寒。

绿化应用　观花。优秀的花坛、花境花卉，可作盆栽欣赏。

四季秋海棠　　秋海棠科·秋海棠属
Begonia cucullata

- 花期：4~7 月

形态特征	多年生草本。茎直立，肉质，光滑。叶互生，边缘有锯齿。聚伞花序腋生，花红色、白色。
分　布	原产巴西，我国引种栽培。
生态习性	喜半阴；喜温暖，不耐寒，忌高温；不耐旱，亦忌积水；喜肥沃、疏松、排水良好的微酸性土壤。
绿化应用	观花。多用于布置花坛、花境。

千屈菜　　千屈菜科·千屈菜属
Lythrum salicaria

- 花期：7~9 月

形态特征	多年生草本。茎四棱形，直立，多分枝。叶对生或三叶轮生。长穗状花序顶生，花紫红色。
分　布	分布于我国广大地区，各地广泛栽培。
生态习性	喜光；耐寒；耐水湿；喜表土深厚、含大量腐殖质的土壤。
绿化应用	观花。可栽培于水边或作盆栽，供观赏。

细果野菱　　菱科·菱属
Trapa incisa

- 花期：5~10 月
- 果期：7~11 月　　● 保护等级：二级

形态特征	一年生草本。浮水叶互生。花小，单生叶腋，花白色，或带微紫红色。坚果三角形。
分　布	分布于华东、华中、华南地区，各地引种栽培。
生态习性	喜光；喜温暖。
绿化应用	观花、观叶。用于水面水平绿化，颇有野趣。

山桃草　柳叶菜科·山桃草属
Gaura lindheimeri

● 花期：5~10月

形态特征　多年生草本。茎直立。叶无柄，椭圆状披针形。花序长穗状，花白色至粉红色。蒴果坚果状。
分　布　原产北美，我国引种栽培。
生态习性　喜光；喜温暖，不耐寒；耐旱。
绿化应用　观花。可片植于园路边、疏林下、庭前，供观赏。

黄花水龙　柳叶菜科·丁香蓼属
Ludwigia peploides subsp. *stipulacea*

● 花期：6~8月

形态特征　多年生草本。浮水茎节上常生圆柱状海绵状贮气根状浮器。叶长圆形。花单生于上部叶腋，黄色。
分　布　分布于华东、华南地区，各地有栽培。
生态习性　喜光；喜温暖。
绿化应用　观花。可用于水景布置。

美丽月见草　柳叶菜科·月见草属
Oenothera speciosa

● 花期：4~10月

形态特征　多年生草本。叶互生，披针形。花单生或2朵着生于茎上部叶腋，花粉红色。蒴果。
分　布　原产美国，我国引种栽培。
生态习性　喜光；喜温暖；耐旱；喜疏松、肥沃的土壤，耐中度盐碱。
绿化应用　观花。可片植于园路边、疏林下、庭前作观花地被植物，也常用于花境、花坛栽培。

穗状狐尾藻　　小二仙草科·狐尾藻属
Myriophyllum spicatum

● 花期: 9~10 月

形态特征　多年生草本。根状茎发达。茎圆柱形。叶常 5 片轮生。花单性或杂性，由多花组成顶生或腋生穗状花序，花瓣粉红色，花药黄色。
分　布　分布于我国广大地区，各地广泛栽培。
生态习性　沉水植物；喜光；适应性强，在清水中生长良好，较耐浑水。
绿化应用　观花、观叶。可用于水景布置。

金叶过路黄　　报春花科·珍珠菜属
Lysimachia nummularia 'Aurea'

● 花期: 5~7 月

形态特征　多年生草本。单叶对生，基部心形，早春至秋季金黄色，冬季霜后略带暗红色。花单生叶腋，亮黄色。
分　布　原产欧洲、美国东部，我国引种栽培。
生态习性　喜光，较耐阴；夏季耐热，冬季耐寒；不耐涝。
绿化应用　观花、观叶。可栽于广场、街道、公园等作地被植物。

欧洲报春　　报春花科·报春属
Primula vulgaris

● 花期: 2~3 月

形态特征　二年生草本。叶多数簇生，匙形。花大，密生，花色鲜艳多样。蒴果球形。
分　布　原产欧洲，我国引种栽培。
生态习性　喜光；耐寒；生长期间不宜干燥。
绿化应用　观花。可片植于花坛、花境。

金银莲花　睡菜科·荇菜属
Nymphoides indica

● 花期：7~10 月

形态特征	多年生草本。茎圆柱形，单叶顶生。叶漂浮，近革质。花冠白色，基部黄色。蒴果椭圆形。
分　布	分布于东北、华东、华南以及河北、云南，各地引种栽培。
生态习性	喜光；喜温暖。
绿化应用	观花。水生观赏植物，宜用于水流较缓的静水区，适于大片种植。

荇菜　睡菜科·荇菜属
Nymphoides peltata

● 花期：4~10 月

形态特征	多年生草本。上部叶对生，下部叶互生，叶片漂浮，近革质。花冠金黄色。蒴果。
分　布	分布于我国广大地区。
生态习性	喜光，不耐阴。
绿化应用	观花。水生观赏植物，宜用于水流较缓的静水区，适于大片种植。

长春花　夹竹桃科·长春花属
Catharanthus roseus

● 花期：全年

形态特征	多年生草本。茎近方形。叶倒卵状长圆形，中脉白色。聚伞花序腋生或顶生，花红色、白色。蓇葖果。
分　布	原产非洲及美洲热带，我国引种栽培。
生态习性	喜光，耐半阴；喜温暖，忌干热，不耐寒；耐旱，忌水涝；不择土壤，耐瘠薄。
绿化应用	观花。为优良的花坛花卉，可盆栽观赏。不能露地越冬。

芝樱（针叶福禄考）花葱科·福禄考属
Phlox subulata

● 花期：4月

形态特征 多年生草本。茎丛生，多分枝。叶对生或簇生于节上。花数朵生于枝顶，成简单的聚伞花序，花淡红色、紫色或白色。

分　布 原产北美东部，我国引种栽培。

生态习性 喜光；喜温暖，耐寒，不耐热；耐瘠薄，喜肥沃、疏松、排水好的砂质土壤。

绿化应用 观花。可用于花坛、花境作地被植物。

细叶美女樱 马鞭草科·美女樱属
Glandularia tenera

● 花期：4~11月

形态特征 多年生草本。茎丛生，倾卧状。叶二回深裂或全裂。花蓝紫色。

分　布 原产巴西，我国引种栽培。

生态习性 喜光；喜温暖，忌高温多湿，较耐寒；较耐旱；喜湿润、疏松、肥沃的土壤，耐轻度盐碱。

绿化应用 观花。优良的花坛、花境花卉，可作盆栽。

杂　交 美女樱（*Glandularia × hybrida*）为同属的种间杂交种，栽培品种丰富，花色多样，适宜栽于花坛。

美女樱

柳叶马鞭草 马鞭草科·马鞭草属
Verbena bonariensis

● 花期：5~10月

形态特征 多年生草本。茎直立。叶对生，线形或披针形。由数十小花组成聚伞花序，顶生，花蓝紫色。

分　布 原产南美洲，我国引种栽培。

生态习性 喜光；喜温暖湿润气候，不耐寒，较耐热；较耐旱、水湿；耐中度盐碱。

绿化应用 观花。可片植以营造景观效果，也用于园路边、滨水岸边、墙垣边群植，也可作花境。

紫叶匍匐筋骨草　唇形科·筋骨草属
Ajuga reptans **'Atropurpurea'**

● 花期：3~7 月

形态特征　多年生常绿草本。茎基部匍匐。叶对生，紫褐色。轮伞花序，苞片叶状，花淡蓝、淡紫红、白色。
分　布　匍匐筋骨草（*Ajuga reptans*）的栽培品种，原产美国，我国引种栽培。
生态习性　喜半阴；耐寒；耐水湿。
绿化应用　观叶、观花。叶色独特，可成片栽于林下、湿地。

活血丹　唇形科·活血丹属
Glechoma longituba

● 花期：4~5 月

形态特征　多年生草本。具匍匐茎，逐节生根。茎四棱形。叶心形或近肾形。轮伞花序，花淡紫色。
分　布　除青海、甘肃、新疆及西藏外，全国广泛分布。
生态习性　喜半阴；喜温暖湿润的环境，较耐寒；耐旱；宜疏松、肥沃、排水良好的土壤。
绿化应用　观花。可成片播撒于林下、林缘。

薄荷　唇形科·薄荷属
Mentha canadensis

● 花期：7~9 月

形态特征　多年生草本。茎直立，多分枝。叶边缘有牙齿状锯齿。轮伞花序，花淡红色、白色。
分　布　分布于我国广大地区，各地广泛栽培。
生态习性　较耐阴；喜温暖湿润环境，耐寒，耐热；耐旱，耐水湿；喜排水良好、有机质丰富的土壤。
绿化应用　观花。可种于水边湿地作地被植物。

拟美国薄荷　唇形科·美国薄荷属
Monarda fistulosa

● 花期：6~7 月

形态特征　一年生草本。茎钝四棱，密被倒向白色柔毛。叶两面被柔毛，叶背有腺点。轮伞花序，花紫红色。
分　布　原产北美洲，我国引种栽培。
生态习性　稍耐阴；较耐寒。
绿化应用　观花。在园圃中栽培作观赏用。

羽叶薰衣草　唇形科·薰衣草属
Lavandula pinnata

● 花期：5~6 月、9~11 月

形态特征　多年生草本至亚灌木。叶二回羽状分裂。轮伞花序在枝顶聚合成穗状花序，花蓝色。
分　布　原产地中海，我国引种栽培。
生态习性　喜光；喜肥沃度低、轻质、砂质土壤。
绿化应用　观花。可栽培供观赏。

彩叶草　唇形科·鞘蕊花属
Plectranthus scutellarioides

● 花期：8~10 月

形态特征　多年生草本。全株具柔毛，茎四棱形。叶卵形，黄、深红、紫及绿色。总状花序，具小白花。
分　布　原产印度尼西亚的爪哇岛，我国引种栽培。
生态习性　喜光；喜高温，不耐寒；喜疏松、肥沃、排水良好的酸性土壤。
绿化应用　观叶。多用于花坛、花境、园路边、林缘大片种植，以营造不同的色块。不能露地越冬。

蓝花鼠尾草　唇形科·鼠尾草属
Salvia farinacea

● 花期：5~6 月

形态特征 多年生草本。叶对生，呈长椭圆形，先端圆，全缘，或有钝锯齿。花轮生于茎顶或叶腋。
分　布 原产地中海沿岸及南欧，我国引种栽培。
生态习性 喜光；喜温暖，较耐热，不耐寒；较耐旱；耐瘠薄，喜肥沃、排水良好的土壤。
绿化应用 观花。可用于公园、植物园、绿地等成片种植，或用于花境与其他观花植物搭配种植。

墨西哥鼠尾草　唇形科·鼠尾草属
Salvia leucantha

● 花期：9~11 月

形态特征 多年生草本。茎直立多分枝，茎基部稍木质化。叶披针形，边缘具浅齿。穗状花序，花蓝紫、紫红色。
分　布 原产中南美洲，我国引种栽培。
生态习性 喜光；稍耐寒，不耐热；较耐旱；喜疏松、肥沃的土壤。
绿化应用 观花。适合公园、庭院等路边、花坛栽培观赏。

林荫鼠尾草　唇形科·鼠尾草属
Salvia nemorosa

● 花期：6~10 月

形态特征 多年生草本。叶对生，长椭圆状或近披针形。轮伞花序再组成穗状花序，花紫红、蓝紫、白色。
分　布 分布于我国西南部。
生态习性 喜光，耐半阴；耐寒；较耐旱；喜肥沃、排水良好的土壤。
绿化应用 观花。丛植可形成花境中竖线条花卉。还可用于花丛、花坛、蝴蝶花园。

一串红
唇形科·鼠尾草属
Salvia splendens

花期：7~10 月

形态特征　多年生草本，作一年生栽培。全株光滑。茎多分枝，四棱。叶对生，叶缘有锯齿。总状花序，花红色。
分　布　原产南美洲，我国引种栽培。
生态习性　喜光，耐半阴；不耐寒，忌霜害；多作一年生栽培。
绿化应用　观花。优良的花坛花卉，可作花带、花境、盆栽欣赏。不能露地越冬。

天蓝鼠尾草
唇形科·鼠尾草属
Salvia uliginosa

花期：6~10 月

形态特征　多年生草本。茎基部略木质化。茎四方形，有毛。叶对生，全缘或具钝锯齿。轮伞花序，花蓝色。
分　布　原产巴西、乌拉圭，我国引种栽培。
生态习性　喜光；不耐寒；较耐旱，不耐水湿；喜排水良好的砂质土壤。
绿化应用　观花。适合花境、公园绿地及庭院片植或丛植点缀。

绵毛水苏
唇形科·水苏属
Stachys lanata

花期：6~7 月

形态特征　多年生草本。茎直立，密被灰白色丝状绵毛。叶长圆状椭圆形。轮伞花序，花紫、粉色。
分　布　原产亚洲南部及土耳其北部，我国引种栽培。
生态习性　稍耐阴；耐寒，耐热；耐旱，不耐水湿；喜疏松、排水良好的土壤。
绿化应用　观叶、观花。常作为观赏植物栽培于花圃中。

矮牵牛　　茄科·矮牵牛属
Petunia × hybrida

● 花期：5~9 月

形态特征　一年生草本。全株具黏毛，匍匐状。叶质柔软，卵形全缘。花冠漏斗形，花色丰富多样。
分　布　原产热带美洲，我国引种栽培。
生态习性　喜光，稍耐阴；喜温暖，不耐寒；喜疏松、排水良好的微酸性土壤，忌积水雨涝。
绿化应用　观花。适合花坛丛植，大花及重瓣品种供盆栽观赏。

香彩雀　　玄参科·香彩雀属
Angelonia angustifolia

● 花期：6~11 月

形态特征　多年生草本，作一年生栽培。叶对生，条状披针形。花单生于茎上部叶腋，形似总状花序，颜色多变化。
分　布　原产墨西哥和西印度群岛，我国引种栽培。
生态习性　喜光；喜温暖湿润环境。
绿化应用　观花。为优秀的夏季草花品种，可用于花坛、花境，亦可盆栽。

金鱼草　　玄参科·金鱼草属
Antirrhinum majus

● 花期：6~10 月

形态特征　多年生草本，作一年生栽培。茎下部叶对生，上部互生。总状花序顶生，花色多样。蒴果。
分　布　原产地中海，我国引种栽培。
生态习性　喜光，耐半阴；较耐寒，不耐热；喜肥沃、疏松和排水良好的微酸性砂质壤土。
绿化应用　观花。常用于花坛、花境、路边栽培观赏。

毛地黄
玄参科·毛地黄属
Digitalis purpurea

● 花期：4~6 月

形态特征 多年生草本。基生叶多数，莲座状，叶柄具狭翅。花冠紫红、黄、白色，内面具斑点。
分　布 原产欧洲，我国引种栽培。
生态习性 喜光，耐半阴；耐寒；耐干旱；喜肥沃、疏松、湿润且排水良好的土壤。
绿化应用 观花。常用于花坛、花境观赏。

钓钟柳
玄参科·钓钟柳属
Penstemon campanulatus

● 花期：5~10 月

形态特征 多年生草本。全株被毛。茎直立，多分枝。单叶交互对生。不规则总状花序，花冠红色、淡粉色。
分　布 原产墨西哥及危地马拉，我国引种栽培。
生态习性 喜光；喜温暖湿润，不耐寒；忌干燥炎热，忌涝；喜肥沃、排水良好的石灰质砂质土壤。
绿化应用 观花。为夏季园林花卉，可用于花坛、盆栽观赏。

夏堇
玄参科·蝴蝶草属
Torenia fournieri

● 花期：6~9 月

形态特征 一年生草本。植株低矮，多分枝，成簇生状。叶对生，叶缘有细锯齿。花二唇状，花色丰富多样。
分　布 原产亚洲热带、非洲林地，我国引种栽培。
生态习性 耐半阴；喜高温，耐炎热，不耐寒；耐旱；对土壤要求不高。
绿化应用 观花。为夏季园林花卉，可用于花坛、花境、盆栽观赏。

五星花 　茜草科·五星花属
Pentas lanceolata

● 花期: 6~11 月

形态特征 多年生草本，呈亚灌木。叶卵形、椭圆形或披针状长圆形。聚伞花序密集，顶生，花淡紫色。
分　布 原产非洲，我国引种栽培。
生态习性 喜光，耐半阴；喜高温多湿环境，不耐寒；耐干旱。
绿化应用 观花。常用作花坛、花境。露地栽种不能越冬。

翠芦莉（蓝花草） 　爵床科·芦莉草属
Ruellia simplex

● 花期: 7~10 月

形态特征 多年生草本。叶对生，叶片线状披针形。总状花序数个组成圆锥花序，花紫红、白色。
分　布 原产加勒比海、中南美洲、墨西哥，我国引种栽培。
生态习性 稍耐阴；耐高温；耐旱；喜中等或潮湿土壤。
绿化应用 观花。可片植于路边、草坪边、林缘，可用于花坛、花境配植。
品　种 **矮生翠芦莉**（*Ruellia simplex* 'Katie'）为翠芦莉的栽培品种，植株矮壮。

矮生翠芦莉

桔梗 　桔梗科·桔梗属
Platycodon grandiflorus

● 花期: 7~9 月

形态特征 多年生草本。地上茎直立。叶轮生，叶片卵形。花常单生叶腋，有时数朵聚生茎顶，蓝紫色。
分　布 分布于我国广大地区，各地广泛栽培。
生态习性 喜半阴；耐寒，喜冷凉；喜肥沃、排水良好的砂质土壤。
绿化应用 观花。可用于花境，也可点缀岩石园。

接骨草　五福花科·接骨木属
Sambucus javanica

- 花期：4~5 月
- 果期：8~9 月

形态特征	多年生草本。羽状复叶。杯形不孕性花宿存，花冠白色，花药黄或紫色。果熟红色。
分　布	分布于我国广大地区。
生态习性	喜光；耐水湿。
绿化应用	观花、观果。可用于滨水绿化景观。

太平洋亚菊　菊科·亚菊属
Ajania pacifica

- 花期：10~11 月

形态特征	多年生草本。横走根状茎。叶卵形，浅裂，边缘银白色。头状花序伞房状排列，黄色。
分　布	原产日本，我国引种栽培。
生态习性	喜光，稍耐阴，最好夏季午后有遮荫；喜中等湿度、排水良好的土壤。
绿化应用	观花。宜作花境、花坛、道路绿地的色块或色带种植。

朝雾草　菊科·蒿属
Artemisia schmidtiana

形态特征	多年生草本。茎纤细，分枝多，常横向伸展成簇，高 16~30cm，叶银白色。
分　布	原产日本和俄罗斯远东地区，我国引种栽培。
生态习性	耐半阴；耐寒；耐旱；喜排水良好的土壤。
绿化应用	观叶。用于花境配植。

矢车菊　　菊科·矢车菊属
Centaurea cyanus

● 花期：2~8 月

形态特征　一或二年生草本。茎枝灰白色，被卷毛。头状花序，边花增大，长于中央盘花，蓝、白、红或紫色。
分　　布　原产欧洲，我国引种栽培。
生态习性　喜光，不耐阴；较耐寒；喜肥沃、疏松、排水良好的沙质土壤。
绿化应用　观花。适于花境、花坛绿化，也可用作地被植物。

菊花　　菊科·菊属
Chrysanthemum morifolium

● 花期：10~11 月

形态特征　多年生草本。叶互生，羽状浅裂或深裂，叶缘有锯齿。头状花序，舌状花颜色丰富多样，管状花黄色。
分　　布　分布于我国广大地区，各地广泛栽培。
生态习性　喜光，喜凉爽，较耐寒；喜肥沃、排水良好的土壤，不耐涝。
绿化应用　观花。秋季园林花卉，适于花坛、花境、花丛、花群等应用，也是优良的盆花和切花。

大花金鸡菊　　菊科·金鸡菊属
Coreopsis grandiflora

● 花期：5~9 月

形态特征　多年生草本。茎直立，上部有分枝。叶对生。头状花序，舌状花黄色，管状花两性。
分　　布　原产美国南部，我国引种栽培。
生态习性　喜光，稍耐阴；耐寒；耐干旱瘠薄；耐中度盐碱。
绿化应用　观花。优良的丛植或片植花卉，可用于花境。

剑叶金鸡菊　　菊科·金鸡菊属
Coreopsis lanceolata

● 花期：5~9 月

形态特征　多年生草本。叶多簇生基部，茎生叶少。头状花序，舌状花黄色，管状花狭钟形。
分　布　原产北美洲，我国引种栽培。
生态习性　喜光；耐寒；耐干旱瘠薄。
绿化应用　观花。优良的丛植或片植花卉，可用于花境。

波斯菊（秋英）　　菊科·秋英属
Cosmos bipinnata

● 花期：6~9 月

形态特征　一或多年生草本。叶对生，羽状全裂。头状花序，舌状花紫红、粉红、白色，管状花黄色。
分　布　原产墨西哥及南美洲，我国引种栽培。
生态习性　喜光；喜温暖，不耐寒；耐干旱瘠薄；喜排水良好的砂质土壤。
绿化应用　观花。可片植于路边、草坪边、林缘，可作花群和花境配植。

黄秋英　　菊科·秋英属
Cosmos sulphureus

● 花期：5~11 月

形态特征　一或多年生草本。叶为对生的二回羽状复叶，深裂，裂片呈披针形。头状花序，舌状花橙黄色。
分　布　原产墨西哥，我国引种栽培。
生态习性　喜光；喜温暖，不耐寒；耐干旱瘠薄；喜排水良好的砂质土壤。
绿化应用　观花。可片植于路边、草坪边、林缘，可作花群和花境配植。

芙蓉菊　　菊科 · 芙蓉菊属
Crossostephium chinense

● 花期：全年

形态特征　多年生草本。叶互生，聚生枝顶，两面密被灰色柔毛。头状花序，花黄色。
分　布　分布于华南、华中地区，各地有栽培。
生态习性　喜光，耐半阴；喜排水良好的土壤。
绿化应用　观叶、观花。可作花坛和花境配植。

大丽花　　菊科 · 大丽花属
Dahlia pinnata

● 花期：6~12 月

形态特征　多年生草本。叶一至三回羽状全裂，上部叶有时不裂。头状花序，舌状花白、红或紫色，管状花黄色。
分　布　原产墨西哥，我国引种栽培。
生态习性　喜光，耐半阴；喜疏松、肥沃、排水良好的土壤。
绿化应用　观花。可用于花坛、花境。

松果菊　　菊科 · 松果菊属
Echinacea purpurea

● 花期：6~7 月

形态特征　多年生草本。全株具粗毛，茎直立。头状花序，舌状花粉色至紫色。
分　布　原产北美洲，我国引种栽培。
生态习性　喜光；喜温暖，耐寒，不耐热；较耐旱；耐瘠薄。
绿化应用　观花。可作背景栽植或作花境、坡地材料，亦可作切花。

大麻叶泽兰　菊科·泽兰属
Eupatorium cannabinum

● 花期：7~11 月

形态特征	多年生草本。茎直立，全部或下部淡紫红色。头状花序，排成复伞房花序，花紫红、粉红、淡白色。
分　布	原产欧洲、北非，我国引种栽培。
生态习性	喜光；喜温暖湿润气候，耐寒；对土壤要求不严，宜疏松、肥沃、排水良好的砂质土壤。
绿化应用	观花、观叶。全株及花，揉之有香味。可用于花境配植。

黄金菊　菊科·黄蓉菊属
Euryops pectinatus 'Viridis'

● 花期：3~8 月

形态特征	多年生草本。叶片长椭圆形，羽状分裂，全缘。头状花序，舌状花及管状花均为金黄色。
分　布	分布于我国广大地区，各地广泛栽培。
生态习性	喜光；低于 −8℃时，地上部分枯萎；较耐旱；耐瘠薄，喜湿润、肥沃的微酸性土壤，耐轻度盐碱。
绿化应用	观花。适于花境、花坛绿化，也可用作地被植物。

大吴风草　菊科·大吴风草属
Farfugium japonicum

● 花期：9~12 月

形态特征	多年生草本。叶基生，莲座状，肾形，有长柄。头状花序辐射状，舌状花黄色。瘦果圆柱形。
分　布	分布于我国华东、华中、华南地区，各地有栽培。
生态习性	喜半阴，忌阳光直射；耐寒；宜疏松、肥沃、排水良好的土壤。
绿化应用	观花、观叶。适于林下地被植物。

天人菊
Gaillardia pulchella 　　　菊科·天人菊属

● 花期：5~8 月

形态特征 一年生草本。茎被柔毛或锈色毛。叶茎生。头状花序，舌状花橙黄色，基部紫红色。

分　布 原产美洲，我国引种栽培。

生态习性 喜光；较耐旱、水湿；宜干燥、排水良好的土壤，喜砂质土壤，耐瘠薄，耐轻度盐碱。

绿化应用 观花。适于花境、花坛绿化，也可用作地被植物。

旋覆花
Inula japonica 　　　菊科·旋覆花属

● 花期：6~10 月

形态特征 多年生草本。茎单生，直立。基部叶常较小，中部叶长圆形。头状花序，舌状花黄色。

分　布 分布于我国东北、华东、华中及西南地区，各地引种栽培。

生态习性 喜光；喜温暖湿润环境；耐水湿，较耐旱；宜肥沃的砂质土壤或腐殖质土壤。

绿化应用 观花。可形成富有乡土特色的地被。

大滨菊
Leucanthemum maximum 　　　菊科·滨菊属

● 花期：5~10 月

形态特征 多年生草本。茎直立。基生叶边缘有细尖锯齿。头状花序，径达 7cm，舌状花白色，管状花黄色。

分　布 原产欧洲，我国引种栽培。

生态习性 喜光，稍耐阴；较耐旱；宜干燥、排水良好的土壤，耐轻度盐碱。

绿化应用 观花。适于花境、花坛绿化，也可用作地被植物。

黑心金光菊　菊科·金光菊属
Rudbeckia hirta

● 花期：3~4 月

形态特征　一或二年生草本。全株被刺毛。头状花序，舌状花黄色，管状花紫黑色。
分　布　原产北美洲，我国引种栽培。
生态习性　喜光，稍耐阴；耐寒；耐干旱；喜湿润、排水良好的土壤。
绿化应用　观花。可用于花境，适合丛植，在路边或林缘自然栽植效果也很好。

银叶菊　菊科·千里光属
Senecio cineraria

● 花期：6~9 月

形态特征　多年生草本。全株具白色绒毛，呈银灰色。叶羽状深裂。头状花序，舌状花金黄色，管状花褐黄色。
分　布　原产地中海沿岸，我国引种栽培。
生态习性　喜光；不耐高温；喜湿润、疏松、肥沃的土壤。
绿化应用　观花、观叶。适合丛植或布置于花境。

荷兰菊　菊科·联毛紫菀属
Symphyotrichum novi-belgii

● 花期：8~10 月

形态特征　多年生草本。全株被粗毛。叶线状披针形。头状花序，舌状花蓝紫色、紫红色，管状花黄色。
分　布　原产北美洲，我国引种栽培。
生态习性　喜光；耐寒；喜湿润、排水良好的肥沃土壤；忌夏日干燥。
绿化应用　观花。可作花坛背景，也可在林缘及坡岸边丛植或片植。

万寿菊　　菊科·万寿菊属
Tagetes erecta

● 花期：7~10月

形态特征　一年生草本。茎粗壮。叶对生或互生。头状花序单生，花黄色、橘黄色。
分　布　原产墨西哥，我国引种栽培。
生态习性　喜光，耐半阴；喜温暖环境，耐早霜；较耐旱。
绿化应用　观花。适宜作花坛布置或花丛、花境栽植，还可作窗盒、吊篮和种植钵。

百日草（百日菊）　　菊科·百日菊属
Zinnia elegans

● 花期：6~9月

形态特征　一年生草本。全株有短毛。叶抱茎对生。头状花序，舌状花颜色丰富多样，管状花橙黄色。
分　布　原产墨西哥，我国引种栽培。
生态习性　喜光；喜温暖，耐酷暑，耐早霜；较耐旱、水湿；喜肥沃、湿润的土壤。
绿化应用　观花。可用于花坛、花境。

芦竹　　禾本科·芦竹属
Arundo donax

● 花果期：9~12月

形态特征　多年生草本。具发达根状茎。秆粗大直立，叶鞘长于节间，叶片扁平。圆锥花序。
分　布　分布于我国广大地区，各地广泛栽培。
生态习性　喜光；较耐旱，耐水湿。
绿化应用　观叶。多在花境中应用或水边丛植。
品　种　**花叶芦竹**（*Arundo donax* 'Versicolor'）为芦竹的栽培品种，叶边缘乳白色。

花叶芦竹

薏苡
Coix lacryma-jobi 禾本科·薏苡属

● 花果期: 6~12 月

形态特征 一年生草本。秆直立丛生,多分枝。叶片扁平宽大。总状花序腋生成束。颖果小。
分 布 产于辽宁以南、西藏以西地区,各地引种栽培。
生态习性 喜光;耐水湿,较耐旱。
绿化应用 观果。可用于滨水绿化景观。

蒲苇
Cortaderia selloana 禾本科·蒲苇属

● 花果期: 8~10 月

形态特征 多年生草本。秆丛生,茎秆高大。叶片质硬,狭窄,簇生于秆基。圆锥花序大型稠密,银白色。
分 布 原产美洲,我国引种栽培。
生态习性 喜光;较耐寒;较耐旱、水湿,耐中度盐碱。
绿化应用 观花、观叶。宜滨水应用,或在交通环岛、街头绿地种植。
品 种 **矮蒲苇**(*Cortaderia selloana* 'Pumila')为蒲苇的栽培品种,植株矮壮。

矮蒲苇

狗牙根
Cynodon dactylon 禾本科·狗牙根属

形态特征 多年生草本。植株低矮,具根茎。叶鞘微具脊,叶片线形。穗状花序。颖果长圆柱形。
分 布 分布于我国黄河以南地区,各地广泛栽培。
生态习性 喜光,不耐阴;耐热、耐寒;耐旱,较耐水湿;耐中度盐碱。
绿化应用 观叶。暖型草坪草。耐践踏,再生力强,可用于庭园、绿地、球场、体育场,可固堤保土。
杂 交 **杂交狗牙根**(*Cynodon dactylon* × *Cynodon transvaalensis*)为狗牙根(*Cynodon dactylon*)与非洲狗牙根(*Cynodon transvaalensis*)的杂交种,质地细密,草坪效果良好。

杂交狗牙根

苇状羊茅（高羊茅） 禾本科·羊茅属
Festuca arundinacea

形态特征 多年生草本。秆成疏丛或单生，直立。叶鞘光滑，具纵条纹，叶片线状披针形。

分　布 分布于我国西南、华南地区，各地广泛栽培。

生态习性 喜光，较耐阴；耐热，不耐寒；耐旱；宜肥沃、湿润、富含有机质的土壤。

绿化应用 观叶。冷季型草坪草。耐践踏，再生力强，可用于大片绿地覆盖。

蓝羊茅 禾本科·羊茅属
Festuca glauca

● 花期：5~6 月

形态特征 多年生草本。丛生。叶基生，细针状，蓝绿色。圆锥花序。

分　布 原产欧洲，我国引种栽培。

生态习性 喜光，稍耐阴；耐寒；耐旱，较耐水湿；耐瘠薄，喜疏松、排水良好的土壤，耐轻度盐碱。

绿化应用 观叶。多用于布置花境，也可用于花坛、花带的镶边植物，以及丛植于园路边或一隅观赏。

白茅 禾本科·白茅属
Imperata cylindrica

● 花果期：5~9 月

形态特征 多年生草本。具粗壮的长根状茎。秆直立。叶鞘聚集于秆基，叶窄线形。圆锥花序。

分　布 分布于我国黄河流域及其以北地区，各地有栽培。

生态习性 喜光，耐阴；耐干旱；宜排水良好的土壤，耐瘠薄。

绿化应用 观花。观赏草，可用于护坡绿化。

黑麦草　禾本科·黑麦草属
Lolium perenne

形态特征　多年生草本。具细弱根状茎。秆丛生。叶片线形，深绿色。穗状花序直立或稍弯。

分　布　分布于我国广大地区，各地广泛栽培。

生态习性　喜光，不耐阴；喜温暖湿润气候；较耐旱、水湿；不耐瘠薄，耐中度盐碱。

绿化应用　观叶。可用作混合草坪，与早熟禾、高羊茅搭配使用。

红毛草　禾本科·糖蜜草属
Melinis repens

● 花果期：6~11 月

形态特征　多年生草本。根茎粗壮。秆直立，常分枝。叶鞘松弛；叶片线形。圆锥花序开展。

分　布　原产南非，我国引种栽培。

生态习性　喜光，不耐阴；喜温暖气候；耐旱；耐瘠薄。

绿化应用　观花。观赏草，用于花境。

荻　禾本科·芒属
Miscanthus sacchariflorus

● 花果期：8~10 月

形态特征　多年生草本。具匍匐根状茎。秆直立。叶片扁平，中脉白色。圆锥花序疏展成伞房状。

分　布　分布于我国广大地区，各地广泛栽培。

生态习性　喜光；耐旱，耐水湿；耐瘠薄，耐中度盐碱。

绿化应用　观花、观叶。良好的滨水植物。

芒
禾本科·芒属
Miscanthus sinensis

● 花果期：7~12 月

形态特征	多年生草本。叶鞘无毛，长于其节间，叶舌膜质，叶片线形。颖果长圆形。
分　布	分布于我国广大地区，各地广泛栽培。
生态习性	喜光；较耐旱、水湿，耐短期浅水；耐中度盐碱。
绿化应用	观花、观叶。适于孤植、丛植、列植以及花境等多种应用形式。

品　种 **细叶芒**(*Miscanthus sinensis* 'Gracillimus')和**斑叶芒**(*Miscanthus sinensis* 'Zebrinus')为芒的栽培品种，前者叶片纤细狭长，顶端呈拱形；后者叶面有不规则横向分布的黄色斑纹。

细叶芒

斑叶芒

粉黛乱子草
禾本科·乱子草属
Muhlenbergia capillaris

● 花果期：9~10 月

形态特征	多年生草本。叶片基生，深绿色，光亮。圆锥花序庞大，初绽时粉红色，干枯时淡米色。
分　布	原产北美洲，我国引种栽培。
生态习性	喜光，不耐阴；喜温暖环境。
绿化应用	观花。丛植或片植可营造梦幻效果，适宜盆栽或作地被片植，也可用作切花。

狼尾草 禾本科·狼尾草属
Pennisetum alopecuroides

● 花果期：8~10 月

形态特征	多年生草本。秆直立，丛生。叶片线形。圆锥花序直立，主轴淡绿色、紫色，小穗成熟后黑紫色。
分　布	分布于我国东北、中南及西南地区，各地有栽培。
生态习性	喜光，耐阴；喜温暖湿润气候，耐寒；耐旱，较耐水湿，耐中度盐碱。
绿化应用	观叶。可用于布置花境、花坛，也可丛植于园路边或一隅观赏。

东方狼尾草 禾本科·狼尾草属
Pennisetum orientale

● 花果期：8~10 月

形态特征	多年生草本。秆直立，丛生。叶片线形，叶灰绿色。夏末，花穗粉白色。
分　布	原产东亚至东南亚，我国引种栽培。
生态习性	喜光，稍耐阴，树荫下开花不佳；耐旱，较耐水湿；宜中等湿润、排水良好的土壤。
绿化应用	观赏草，用于花境。
品　种	**紫叶绒毛狼尾草**（*Pennisetum setaceum* 'Rubrum'）为狼尾草属的栽培品种，叶片紫色。

紫叶绒毛狼尾草

芦苇 禾本科·芦苇属
Phragmites australis

● 花期：9~10 月
● 果期：11 月~翌年 2 月

形态特征	多年生草本。具发达根状茎。秆直立。叶片披针状线形。圆锥花序，着生稠密下垂的小穗。
分　布	分布于我国广大地区，各地广泛栽培。
生态习性	喜光；耐水湿，较耐旱。
绿化应用	观花、观叶。多用于滨水绿化种植。

细茎针茅 禾本科·针茅属
Stipa tenuissima

● 花果期：5~8月

形态特征	多年生草本。秆丛生，直立。叶片黄绿色，纤细。圆锥花序下垂，羽毛状。
分　布	原产美洲，我国引种栽培。
生态习性	喜光，稍耐阴；耐旱；喜排水良好的土壤；炎热季节休眠。
绿化应用	观叶。丛植、片植、盆栽观赏皆宜。

菰（茭白） 禾本科·菰属
Zizania latifolia

● 花果期：6~9月

形态特征	多年生草本。具匍匐根状茎。秆高大直立。叶鞘长在节间，叶片扁平。圆锥花序，分枝多数簇生。
分　布	分布于我国广大地区，各地广泛栽培。
生态习性	喜光；耐水湿。
绿化应用	观叶。可用于滨水绿化种植。

结缕草 禾本科·结缕草属
Zoysia japonica

形态特征	多年生常绿草本。具横走根茎，须根细弱。叶鞘无毛，叶片扁平或稍内卷。总状花序呈穗状。
分　布	分布于黄河以南地区，各地有栽培。
生态习性	喜光，不耐阴；耐高温；较耐旱、水湿；耐瘠薄，耐中度盐碱。
绿化应用	观叶。可用于庭园、公园、体育场草坪，亦为良好的护坡植物。

金钱蒲（石菖蒲） 菖蒲科·菖蒲属
Acorus gramineus

● 花期：5~6 月

形态特征	多年生草本。根茎上部多分枝，丛生。叶基对折，叶片线形。肉穗花序，黄绿色。
分　布	分布于长江流域以南地区，各地有栽培。
生态习性	耐半阴；耐寒；耐水湿，不耐旱。
绿化应用	观叶。可用于水旁湿地。
品　种	**金叶石菖蒲**（*Acorus gramineus* 'Ogan'）为金钱蒲的栽培品种，叶片常绿而具光泽。

金叶石菖蒲

泽泻 泽泻科·泽泻属
Alisma plantago-aquatica

● 花期：5~10 月

形态特征	多年生草本。沉水叶条形或披针形，挺水叶宽披针形、椭圆形至卵形。花两性，白色。
分　布	分布于我国东北、华北、西北及西南地区，各地有栽培。
生态习性	喜光；水生，不耐旱。
绿化应用	观花、观叶。可用于湖边、池塘、溪流等湿地景观中。

泽泻慈姑 泽泻科·慈姑属
Sagittaria lancifolia

● 花期：3~11 月

形态特征	多年生草本。具匍匐根状茎。沉水叶条形。花葶直立，挺出水面，花白色，花瓣 3 枚。
分　布	原产北美洲，我国引种栽培。
生态习性	喜光；水生，不耐旱。
绿化应用	观花、观叶。可用于湖边、池塘、溪流等湿地景观中。

慈姑
Sagittaria trifolia

泽泻科·慈姑属

● 花期：9~10月

形态特征 多年生草本。地下具球状根茎。叶基生，常三角状剑形。圆锥花序，花被片6片；外轮3枚为萼片，绿色；内轮3枚为花瓣，白色。

分　布 分布于长江流域以南地区，各地有栽培。

生态习性 喜光；喜温暖；水生。

绿化应用 观花、观叶。可用于水面造景，对浮叶花卉起到衬托作用。

黑藻
Hydrilla verticillata

水鳖科·黑藻属

● 花期：6~9月

形态特征 多年生草本。茎圆柱状，长而纤细。苞叶多数，螺旋状排列。叶轮生。花单性，单生叶腋。

分　布 分布于我国广大地区，各地广泛栽培。

生态习性 沉水植物；喜光；适应性强，在清水中生长良好，较耐浑水。

绿化应用 观叶。可用于美化、净化水体。

苦草
Vallisneria natans

水鳖科·苦草属

● 花期：8~9月

形态特征 多年生草本。叶基生，带形。雌雄异株；花单性，雄花浮出水面开放，雌花受精后螺旋状卷曲。

分　布 分布于我国广大地区，各地广泛栽培。

生态习性 沉水植物；喜光；适应性强，宜清水（透明度较高）中生长。

绿化应用 观叶。可用于美化、净化水体。

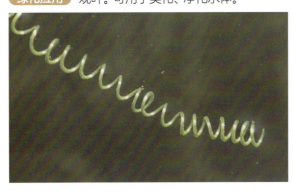

菹草
Potamogeton crispus 眼子菜科·眼子菜属

● 花期：4~7月

形态特征 多年生草本。叶条状披针形，边缘略有浅波状褶皱。穗状花序，开花时伸出水面。

分　布 分布于我国广大地区，各地广泛栽培。

生态习性 沉水植物；喜光；适应性强，在清水中生长良好，较耐浑水。

绿化应用 观叶。可用于美化、净化水体。

竹叶眼子菜
Potamogeton wrightii 眼子菜科·眼子菜属

● 花期：5~6月

形态特征 多年生草本。叶边缘有微波状褶皱或细齿。穗状花序，开花时伸出水面，花绿色。

分　布 分布于我国广大地区，各地广泛栽培。

生态习性 沉水植物；喜光；适应性强，宜清水（透明度较高）中生长。

绿化应用 观叶。可用于美化、净化水体。

水烛　　香蒲科·香蒲属
Typha angustifolia

● 花果期：6~11月

形态特征　多年生草本。地上茎直立。叶片呈海绵状。雌雄穗状花序远离，雄花序短于雌花序。小坚果长椭圆状。
分　布　分布于我国广大地区，各地广泛栽培。
生态习性　喜光；生浅水中，可以忍受湿地严重退化，有时是最后一种存活下来的湿地植物。
绿化应用　观花、观果、观叶。可栽植于池塘、湿地。

香蒲　　香蒲科·香蒲属
Typha orientalis

● 花果期：5~8月

形态特征　多年生草本。叶片条形。雌雄花序紧密连接，雄花序较雌花序细瘦而短。小坚果椭圆状。
分　布　分布于我国广大地区，各地广泛栽培。
生态习性　喜光；生浅水中。
绿化应用　观花、观果、观叶。可栽植于池塘、湿地。

金叶薹草　　莎草科·薹草属
Carex oshimensis 'Evergold'

● 花期：4~5月

形态特征　多年生常绿草本。叶披针形，具黄色条纹，叶两侧为绿边，中央呈黄色。穗状花序。
分　布　大岛薹草的栽培品种。原种分布于亚热带地区，我国引种栽培。
生态习性　喜半阴；不耐涝；耐瘠薄。
绿化应用　观叶。可在草坪、花坛、园林小路孤植或片植。

旱伞草　莎草科·莎草属
Cyperus involucratus

● 花期：5~6 月

形态特征　多年生草本，具根状茎。秆丛生，近圆柱形。叶退化成鞘状，包裹茎基部。叶状苞片，聚伞花序。

分　布　原产非洲，我国引种栽培。

生态习性　喜温暖、阴湿及通风良好环境，不耐寒；耐水湿；喜富含腐殖质黏质土壤。

绿化应用　观叶。宜带状布置于湖畔浅水处，也可丛植于溪流岸边假山石的缝隙作点缀。

纸莎草　莎草科·莎草属
Cyperus papyrus

● 花期：8~9 月

形态特征　多年生草本。丛生，秆粗壮。每秆具一大型伞形花序；小穗黄色，密集。瘦果灰褐色，椭圆形。

分　布　原产亚洲西部及欧洲，我国引种栽培。

生态习性　喜光；喜温暖，耐热；水生；耐瘠薄。

绿化应用　观叶。多丛植于水体的浅水处营造景观，也常与其他水生植物配植。

水葱　莎草科·水葱属
Schoenoplectus tabernaemontani

● 花期：6~9 月

形态特征　多年生草本。地下具横走的根茎。地上茎直立，圆柱形，中空。叶鞘形。聚伞花序顶生。

分　布　分布于长江以南地区。

生态习性　喜光，耐阴；水生；喜温暖湿润环境。

绿化应用　观叶。常用于水面绿化或作岸边、池旁点缀，也常盆栽供观赏。

紫露草 　鸭跖草科·紫露草属
Tradescantia ohiensis

● 花期：5~10 月

形态特征 多年生常绿草本。叶无柄，叶片披针形。伞形花序，花蓝紫色。蒴果近圆球状。
分　布 原产北美洲，我国引种栽培。
生态习性 喜阴；喜温暖湿润气候；畏烈日。
绿化应用 观花。可作林缘、林下的地被植物。

紫鸭跖草（紫竹梅）鸭跖草科·紫露草属
Tradescantia pallida

● 花期：6~10 月

形态特征 多年生常绿草本。茎紫褐色。叶互生，螺旋状排列，叶紫红色。花粉红色。
分　布 原产北美洲及墨西哥，我国引种栽培。
生态习性 喜半阴；喜温暖，不耐寒；较耐旱。
绿化应用 观叶。可用于庭院花坛、路边、草坪边作镶边植物，或植于石墙中作立体绿化。

梭鱼草 　雨久花科·梭鱼草属
Pontederia cordata

● 花期：6~8 月

形态特征 多年生草本。具粗壮地下茎。叶基生，叶片多为倒卵状披针形。穗状花序，花蓝紫色。
分　布 原产北美，我国引种栽培。
生态习性 喜光；喜温暖湿润环境，耐热；水生；耐瘠薄。
绿化应用 观花。适合公园、绿地的水岸浅水处绿化，也可用于人工湿地、河流两岸栽培观赏。

灯心草　　灯心草科·灯心草属
Juncus effusus

● 花期：4~5 月

形态特征 多年生草本。根状茎粗壮横走。茎丛生，直立。叶呈鞘状或鳞片状。聚伞花序，花淡绿色。
分　布 分布于我国广大地区，各地广泛栽培。
生态习性 喜光；喜温暖湿润环境；生于水中或潮湿处。
绿化应用 观叶。多丛植于水体的浅水处营造景观，也常与其他水生植物配植。

大花葱　　百合科·葱属
Allium giganteum

● 花期：6~7 月

形态特征 多年生常绿草本。鳞茎球形。叶宽线形至披针形。花葶高大，伞形花序球状，花紫红色。
分　布 原产亚洲中部和喜马拉雅地区，我国引种栽培。
生态习性 喜光；耐寒；忌湿润多雨；喜肥沃黏质土壤。
绿化应用 观花。可丛植于林缘、草地中或园路边观赏，也常用于花境配植或岩石园点缀。

一叶兰　百合科·蜘蛛抱蛋属
Aspidistra elatior

● 花期：4~5月

形态特征	多年生常绿草本。叶单生，叶柄硬而直立。花钟状，初绿色，后紫褐色。浆果球状。
分　布	分布于长江以南地区，各地有栽培。
生态习性	喜阴；喜温暖湿润环境，耐寒；喜疏松、肥沃的土壤。
绿化应用	观叶。室内盆栽或作地被种植。

红星朱蕉　百合科·朱蕉属
Cordyline australis 'Red Star'

形态特征	常绿亚灌木，茎单干，高1~4m。叶披针形，紫红色，有长柄。
分　布	澳洲朱蕉的栽培品种。原产澳洲，我国南方地区引种栽培。
生态习性	耐半阴；喜温暖，不耐寒；对土壤要求不严。
绿化应用	观叶。盆栽或用于花境，越冬需防冻。

银边山菅兰　百合科·山菅属
Dianella ensifolia 'White Variegated'

● 全株有毒
● 花果期：3~8月

形态特征	多年生草本。根状茎圆柱状。山菅的栽培品种，叶边银白色。圆锥花序，花绿白、淡黄、青紫色。
分　布	原种分布于华东南部至西南地区，也分布于亚洲热带地区至非洲东南部。
生态习性	喜阴；喜温暖，不耐寒；对土壤要求不严，耐瘠薄。
绿化应用	观叶。适宜花境应用，也可丛植于路旁、篱缘、疏林边。冬季易受冻害。

萱草
百合科·萱草属
Hemerocallis fulva

- 花期：5~7月　　● 花有毒

形态特征 多年生草本。具短根状茎及纺锤状膨大的肉质根。叶基生。聚伞花序，花橘红、橘黄色。

分　布 原产我国南部、欧洲南部及日本，各地有栽培。

生态习性 喜半阴；耐寒；较耐旱；喜深厚、肥沃、湿润、排水良好的砂质土壤。

绿化应用 观花。适宜花境应用，也可丛植于路旁、篱缘、疏林边。

同属种类 **黄花菜**（*Hemerocallis citrina*）即可食用的金针菜，为萱草属的植物，花蕾细长，花色淡黄。
金娃娃萱草（*Hemerocallis* 'Stella de Oro'）为萱草属的栽培品种，植株矮壮，花期持久，花径大。

黄花菜

金娃娃萱草

玉簪
百合科·玉簪属
Hosta plantaginea

- 花期：8~9月

形态特征 多年生草本。根状茎粗厚。基出叶较大，状心卵形。总状花序，花白色。蒴果圆柱状或三棱状。

分　布 分布于黄河以南地区，各地广泛栽培。

生态习性 喜阴，忌强光直射；耐寒；较耐旱；喜肥沃、湿润、排水良好的土壤。

绿化应用 观花。可在林下片植作地被，在建筑物周边种植，可以软化墙角的硬质感。

同属种类 **花叶玉簪**（*Hosta undulata*）为玉簪的栽培品种，叶面具黄色或乳白色纵纹。
紫萼（*Hosta ventricosa*）为玉簪属植物，叶基部为心形，叶片明显下延至叶柄，花紫色。

花叶玉簪

紫萼

火炬花
Kniphofia hybrida

百合科 · 火炬花属

● 花期：6~10 月

形态特征	多年生草本。茎直立。叶丛生。总状花序着生数百朵筒状小花，呈火炬形，花冠橘红色。
分　布	原产非洲，我国引种栽培。
生态习性	喜光；耐寒；喜肥沃、排水良好的轻黏质土壤。
绿化应用	观花。适宜花境应用，可用于岩石园。

矮小山麦冬
Liriope minor

百合科 · 山麦冬属

● 花期：6~7 月
● 果期：8~9 月

形态特征	多年生常绿草本。叶先端急尖，近全缘。总状花序，花淡紫色。种子成熟时暗蓝色。
分　布	分布于我国华东、华中、华南、西北地区，各地有栽培。
生态习性	喜阴，忌阳光直射；较耐寒；宜湿润、肥沃的土壤。
绿化应用	观叶。可作林下的地被植物。

阔叶山麦冬
Liriope muscari

百合科 · 山麦冬属

● 花期：7~8 月
● 果期：9~11 月

形态特征	多年生常绿草本。叶密集成丛，革质。总状花序，花紫色、紫红色。种子成熟时黑紫色。
分　布	分布于我国广大地区，各地广泛栽培。
生态习性	喜阴，忌阳光直射；较耐寒；宜湿润、肥沃的土壤。
绿化应用	观花、观叶。可作林下的地被植物。
品　种	**金边阔叶山麦冬**（*Liriope muscari* 'Variegata'）为阔叶山麦冬的栽培品种，叶较宽、有金色边纹。

金边阔叶山麦冬

山麦冬
Liriope spicata
百合科·山麦冬属

- 花期：5~7月
- 果期：8~10月

形态特征　多年生常绿草本。叶先端急尖或钝，基部常包以褐色的叶鞘。总状花序，种子成熟时黑色。
分　布　黄河流域以南地区广泛分布，各地有栽培。
生态习性　喜阴，忌阳光直射；较耐旱；宜湿润、肥沃的土壤，耐中度盐碱。
绿化应用　观叶。可作林下的地被植物。

麦冬
Ophiopogon japonicus
百合科·沿阶草属

- 花期：5~8月
- 果期：8~9月

形态特征　多年生常绿草本。叶基生成丛，禾叶状。总状花序，花淡紫色。种子成熟时蓝色。
分　布　分布于我国广大地区，各地广泛栽培。
生态习性　喜阴，忌阳光直射；较耐旱；宜湿润、肥沃的土壤，耐中度盐碱。
绿化应用　观叶、观果。可作林下的地被植物。
品　种　**玉龙草**（*Ophiopogon japonicus* 'Nanus'）为麦冬的栽培品种，植株矮小，簇生成半球团状。

玉龙草

吉祥草
Reineckia carnea
百合科·吉祥草属

- 花果期：7~11月

形态特征　多年生常绿草本。茎粗，蔓延于地面。叶每簇有 3~8 枚，条形至披针形。穗状花序，花淡紫红色。
分　布　分布于华东、华中、西北、西南地区，各地有栽培。
生态习性　喜阴；耐热，耐寒；较耐旱、水湿；耐瘠薄，耐中度盐碱。
绿化应用　观叶。可作林下的地被植物。

万年青　　百合科·万年青属
Rohdea japonica

● 花期：5~6 月

形态特征	多年生常绿草本。叶基生，厚纸质。穗状花序，花淡绿色。浆果橘红色。
分　布	黄河流域以南地区广泛分布，各地有栽培。
生态习性	耐半阴；喜温暖湿润环境，稍耐寒；不耐旱。
绿化应用	观叶。可作林下的地被植物。

百子莲　　石蒜科·百子莲属
Agapanthus africanus

● 花期：7~8 月

形态特征	多年生草本。具鳞茎。叶线状披针形或带形，近革质。花葶粗壮；伞形花序。
分　布	原产南非，我国引种栽培。
生态习性	耐半阴，喜欢下午有阳光；喜中等湿度的土壤。
绿化应用	观花。适合公园、绿地、庭院等路边、山石边、墙垣处栽培观赏。也可用于盆栽观赏。

忽地笑　　石蒜科·石蒜属
Lycoris aurea

● 全株有毒

● 花期：8~9 月

形态特征	多年生草本。鳞茎卵形。秋季出叶。伞形花序，花鲜黄、橘黄色，花被裂片向后反卷和皱缩。
分　布	分布于黄河流域以南地区，各地有栽培。
生态习性	喜阴；喜阴湿、排水良好的环境；宜富含腐殖质的土壤。
绿化应用	观花。宜作林下地被植物丛植，也可栽于庭院中。

长筒石蒜　石蒜科·石蒜属
Lycoris longituba

● 全株有毒
● 花期：7~8 月

形态特征	多年生草本。鳞茎卵球形。早春出叶。伞形花序，花白色，花被裂片腹面稍有淡红色条纹。
分　布	分布于江苏、浙江，各地有栽培。
生态习性	喜阴；喜阴湿、排水良好的环境；宜富含腐殖质的土壤。
绿化应用	观花。宜作林下地被植物丛植，也可栽于庭院中。

石蒜　石蒜科·石蒜属
Lycoris radiata

● 全株有毒
● 花期：8~9 月

形态特征	多年生草本。鳞茎近球形。秋季出叶。伞形花序，花鲜红色，花被裂片高度反卷和皱缩。
分　布	分布于我国广大地区，各地广泛栽培。
生态习性	喜阴；喜阴湿、排水良好的环境；宜富含腐殖质的土壤，耐中度盐碱。
绿化应用	观花。宜作林下地被植物丛植，也可栽于庭院中。

换锦花　石蒜科·石蒜属
Lycoris sprengeri

● 全株有毒
● 花期：8~9 月

形态特征	多年生草本。鳞茎卵形。早春出叶。伞形花序，花淡紫红色，花被裂片顶端常带蓝色，倒披针形。
分　布	分布于云南和长江流域，各地有栽培。
生态习性	喜阴；喜阴湿、排水良好的环境；宜富含腐殖质的土壤。
绿化应用	观花。宜作林下地被植物丛植，也可栽于庭院中。

稻草石蒜　　石蒜科·石蒜属
Lycoris straminea

● 全株有毒
● 花期：8~9 月

形态特征 多年生草本。鳞茎近球形。秋季出叶。伞形花序，花稻草色，花被裂片高度反卷和皱缩。
分　布 分布于江苏、浙江，各地有栽培。
生态习性 喜阴；喜阴湿、排水良好的环境；宜富含腐殖质的土壤。
绿化应用 观花。宜作林下地被植物丛植，也可栽于庭院中。

玫瑰石蒜　　石蒜科·石蒜属
Lycoris × rosea

● 全株有毒
● 花期：9 月

形态特征 多年生草本。鳞茎近球形。秋季出叶。伞形花序，花玫瑰红色，花被裂片边缘稍波状皱缩。
分　布 分布于江苏、浙江，各地有栽培。
生态习性 喜阴；喜阴湿、排水良好的环境；宜富含腐殖质的土壤。
绿化应用 观花。宜作林下地被植物丛植，也可栽于庭院中。

黄水仙　　石蒜科·水仙属
Narcissus pseudonarcissus

● 全株有毒
● 花期：1~4 月

形态特征 多年生球根花卉，作一年生栽培。叶 4~6 枚，直立向上，宽线形。花茎高约 30cm，顶端生花 1 朵，花冠黄色，副花冠喇叭状，橘黄色，边缘皱。
分　布 原产欧洲，我国引种栽培。
生态习性 喜光，耐半阴；宜肥沃、疏松、排水良好、富含腐殖质的微酸至微碱性砂质土。
绿化应用 观花。常用作花坛、花境。

紫娇花　石蒜科·紫娇花属
Tulbaghia violacea

● 花期：6~10月

形态特征	多年生草本。鳞茎球形。丛生状。叶狭长线形。花茎直立，伞形花序球形，花粉紫色。
分　布	原产南非，我国引种栽培。
生态习性	喜光，不耐阴；耐热；较耐旱；耐瘠薄，宜排水良好的砂质土壤。
绿化应用	观花。可用于园路边、林缘带状片植观赏，也可用于花境配植、点缀岩石园。

葱兰　石蒜科·葱莲属
Zephyranthes candida

● 花期：8~10月

形态特征	多年生草本。鳞茎卵形。叶狭线形。花单生于花茎顶端，白色，稍带淡红色。
分　布	原产阿根廷、秘鲁，我国引种栽培。
生态习性	喜光，耐半阴；喜温暖湿润气候；喜富含腐殖质、排水良好的砂质土壤。
绿化应用	观花。适合花坛、花境、草地镶边栽植，亦可作半阴处地被花卉。

韭莲　石蒜科·葱莲属
Zephyranthes grandiflora

● 花期：6~10月

形态特征	多年生草本。鳞茎卵球形。基生叶常数枚簇生。花单生于花茎顶端，玫瑰红色或粉红色。
分　布	原产墨西哥，我国引种栽培。
生态习性	喜光，耐半阴；喜温暖湿润气候；喜富含腐殖质、排水良好的砂质土壤。
绿化应用	观花。适合花坛、花境、草地镶边栽植，亦可作半阴处地被花卉。

射干　鸢尾科·射干属
Belamcanda chinensis

- 花期: 7~9 月

形态特征	多年生草本。根状茎鲜黄色。叶互生。伞房状聚伞花序,花橙红、橘黄色。
分　布	分布于我国广大地区,各地有栽培。
生态习性	喜光;耐寒;喜干燥;对土壤要求不严。
绿化应用	观花。用于布置花坛、绿化庭院。

雄黄兰（火星花）　鸢尾科·雄黄兰属
Crocosmia × crocosmiiflora

- 花期: 7~8 月

形态特征	多年生草本。叶多基生,剑形。穗状花序,花冠漏斗状,深橙红色。
分　布	本种为园艺杂交种,各地广泛栽植。
生态习性	喜光;耐寒;喜肥沃、排水良好的砂质土壤。
绿化应用	观花。用于布置花坛、绿化庭院。

玉蝉花　鸢尾科·鸢尾属
Iris ensata

- 全株有毒
- 花期: 4~5 月

形态特征	多年生草本。叶条形,两面中脉明显。花茎圆柱形,花深紫色。
分　布	原产我国东北地区及朝鲜、日本,各地有栽培。
生态习性	喜光;耐寒;耐旱,较耐水湿;喜微酸性土壤。
绿化应用	观花。适合水边丛植,或用于营造专类园景观。有小毒。
变　种	**花菖蒲**(*Iris ensata* var. *hortensis*)为玉蝉花的变种,花色白至暗紫色,花纹变化甚大,单瓣至重瓣。

花菖蒲

蝴蝶花（日本鸢尾） 鸢尾科·鸢尾属
Iris japonica

- 全株有毒
- 花期：3~4 月

形态特征	多年生草本。叶基生，剑形。聚伞花序，花淡紫、淡蓝色。蒴果倒卵形。
分　布	分布于长江流域，各地广泛栽培。
生态习性	喜阴；喜潮湿；喜酸性土壤。
绿化应用	观花。适合花坛、花境栽植，可作地被花卉。

马蔺 鸢尾科·鸢尾属
Iris lactea

- 全株有毒
- 花期：4~5 月

形态特征	多年生草本。叶基生，条形或狭剑形。花淡蓝、蓝紫、蓝色，花被上有较深色的条纹。
分　布	分布于我国广大地区，各地有栽培。
生态习性	喜光；耐寒；耐旱，耐水湿；耐轻度盐碱。
绿化应用	观花。适于水面绿化或作岸边、池旁点缀。可用于水土保持和盐碱地改良。

黄菖蒲 鸢尾科·鸢尾属
Iris pseudacorus

- 全株有毒
- 花期：4~5 月

形态特征	多年生草本。基生叶灰绿色，宽剑形，中脉明显。花黄色，花药黑紫色。
分　布	原产欧洲，我国引种栽培。
生态习性	喜光；耐寒；耐水湿；喜微酸性土壤。
绿化应用	观花。常用于水面绿化或作岸边、池旁点缀，适合于花坛、花境丛植。

鸢尾 　鸢尾科·鸢尾属
Iris tectorum

- 花期：4~5月
- 果期：6~8月
- 全株有毒

形态特征	多年生草本。叶片质薄，淡绿色。花蓝紫色，外花被中脉上有不规则的鸡冠状附属物。
分　布	分布于黄河流域以南地区，各地广泛栽培。
生态习性	喜光；耐寒；耐旱，较耐水湿；耐轻度盐碱。
绿化应用	观花。适合于花坛、花境栽植，可作地被花卉。
品　种	**常绿鸢尾**（*Iris* 'Louisiana'）为鸢尾属的栽培品种，叶常绿。

常绿鸢尾

庭菖蒲 　鸢尾科·庭菖蒲属
Sisyrinchium rosulatum

- 花期：5月

形态特征	多年生草本。叶基生或互生，狭条形。花蓝紫或淡蓝色，喉部深紫色，筒部黄色。
分　布	原产北美洲，我国引种栽培。
生态习性	耐半阴；较耐寒；喜中等湿度、排水良好的土壤。
绿化应用	观花。适合于花境栽植。

芭蕉 　芭蕉科·芭蕉属
Musa basjoo

- 花期：8~9月

形态特征	多年生草本。叶片长圆形，中脉粗大，侧脉平行。花序顶生，苞片红褐色、紫色。
分　布	原产琉球群岛，我国引种栽培。
生态习性	喜半阴；宜中等湿度、排水良好的土壤；适度施肥。
绿化应用	观叶、观花、观果。著名庭园观赏植物，可孤植、丛植于庭院的一隅。

美人蕉 美人蕉科 · 美人蕉属
Canna indica

● 花期：6~10 月

形态特征 多年生草本。叶片卵状长圆形。总状花序单生或分叉，萼片淡绿而染紫，花冠管杏黄色。

分　布 原产美洲热带，我国引种栽培。

生态习性 喜光，耐半阴；喜温暖湿润气候，不耐寒；耐水湿，较耐旱；耐轻度盐碱。

绿化应用 观花。宜作花境背景或于花坛中心栽植，也可丛植于草坪边缘、绿篱前。

水生美人蕉 美人蕉科 · 美人蕉属
Canna glauca

● 花期：5~10 月

形态特征 多年生草本。叶片披针形，绿色，被白粉。总状花序，花黄色、粉红色。

分　布 原产南美洲，我国引种栽培。

生态习性 喜光；不耐寒；耐水湿，较耐旱。

绿化应用 观花。可用于滨水绿化种植。

杂交品种 **大花美人蕉**（*Canna × generalis*）和**金脉美人蕉**（*Canna × generalis* 'Striata'）为多种源杂交的园艺种，花色艳丽，广泛栽培。

大花美人蕉

金脉美人蕉

再力花
Thalia dealbata

竹芋科 · 再力花属

● 花期：5~10 月

形态特征	多年生草本。植株挺拔，地下根茎发达。叶卵状披针形。复总状花序，花小，紫堇色。
分　布	原产南美洲，我国引种栽培。
生态习性	喜光；喜温暖；水生。
绿化应用	观花。池塘、湿地和沼泽花园常用花卉。

白及
Bletilla striata

兰科 · 白及属

● 花期：4~5 月
● 保护等级：二级

形态特征	多年生草本。假鳞茎扁球形。茎粗壮，劲直。叶狭长圆形或披针形。总状花序，花紫红色。
分　布	分布于长江流域以南地区，各地有栽培。
生态习性	喜半阴；喜温暖湿润环境，不耐寒；喜排水良好、富含腐殖质的砂质土壤。
绿化应用	观花、观叶。园林中多与山石配植或自然式栽植于疏林下、林缘边。

第三节
SECTION 3
藤　本

何首乌 蓼科·首乌属
Fallopia multiflora

- 花期：8~9 月
- 果期：9~10 月

形态特征 多年生草质藤本。叶卵形或长卵形。花序圆锥状，顶生或腋生，花被白色或淡绿色。瘦果卵形。

分　布 分布于我国广大地区。

生态习性 喜光，耐半阴；喜温暖；忌干燥、积水。

绿化应用 观花、观叶。经济型观赏地被。

千叶兰（铁线兰） 蓼科·千叶兰属
Muehlenbeckia complexa

形态特征 常绿木质藤本。茎如铁丝，细而茂密。叶形多变，圆形、长圆形、心形及小提琴形。

分　布 原产新西兰，我国引种栽培。

生态习性 耐半阴；喜温暖湿润的环境，严重霜冻可致地上部分枯死；宜肥沃、排水良好的砂质土壤。

绿化应用 观叶。宜布置花境、路边、盆栽观赏。

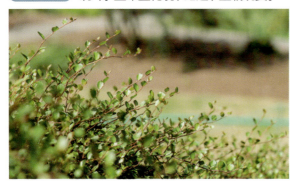

薜荔 桑科·榕属
Ficus pumila

- 花果期：5~8 月

形态特征 常绿木质藤本。叶互生，革质。隐头花序。榕果单生于叶腋，瘿花果梨形，雌花果近球形。

分　布 分布于长江以南地区，各地有栽培。

生态习性 耐半阴；喜温暖湿润气候，不耐寒；较耐旱；耐瘠薄，在酸性与中性土上都能生长。

绿化应用 观叶、观果。园林中可用于点缀石头或绿化墙垣、树干。

木通 木通科·木通属
Akebia quinata

● 花期：4~5 月
● 果期：6~8 月

形态特征 落叶木质藤本。掌状复叶互生或在短枝上簇生。花单性同株，雌花大于雄花。果成熟时紫色。
分　布 分布于长江流域，各地有栽培。
生态习性 稍耐阴；喜温暖气候；宜湿润、排水良好的土壤。
绿化应用 观花、观叶。本种为野生种，花、叶秀美，可开发利用于园林绿地，宜用于棚架、山石的绿化。

木香花 蔷薇科·蔷薇属
Rosa banksiae

● 花期：4~5 月

形态特征 落叶或半常绿木质藤本。枝上有皮刺。羽状复叶。伞形花序，花瓣重瓣至半重瓣，白色、淡黄色。
分　布 分布于四川、云南，各地有栽培。
生态习性 喜光；不耐寒；较耐旱；耐轻度盐碱。
绿化应用 观花。作为观赏植物，常攀援于棚架或墙篱。

品　种 **黄木香**（*Rosa banksiae* 'Lutea'）为木香花的栽培品种，花黄色。

野蔷薇
Rosa multiflora

蔷薇科·蔷薇属

● 花期：5 月

形态特征	落叶木质藤本。枝有皮刺。羽状复叶。圆锥状伞房花序，花芳香，白色。果成熟时黄色至褐红色。
分　布	分布于长江流域以南地区，各地有栽培。
生态习性	耐半阴；较耐旱；宜疏松、肥沃的土壤，耐轻度盐碱。
绿化应用	观花。可开发用于城乡绿化中，宜植于林缘、河岸或攀援于垣篱。

变　种　**七姊妹**（*Rosa multiflora* var. *carnea*）为野蔷薇的变种，一枝七花或十花，花重瓣，粉红色。人工栽培有大量品种，统称藤本月季。

网络崖豆藤
Callerya reticulata

豆科·鸡血藤属

● 花期：5~8 月　　● 果和根有毒
● 果期：10~11 月

形态特征	常绿木质藤本。羽状复叶，托叶锥刺形，小叶 3~4 对。圆锥花序，蝶形花冠紫红色。荚果线形。
分　布	分布于长江流域以南地区，各地有栽培。
生态习性	喜光，稍耐阴；喜深厚、肥沃的土壤，也能在干旱瘠薄处生长。
绿化应用	观花。可在园林绿地中用于花架、花廊、假山、墙垣。

粉叶羊蹄甲 豆科·首冠藤属
Cheniella glauca

- 花期：4~6 月
- 果期：7~9 月

形态特征 落叶木质藤本。叶近圆形，先端 2 裂达中部或中下部。总状花序，花白色。荚果带状。
分　布 分布于我国南部及东南亚地区。
生态习性 喜光，稍耐阴；喜温暖湿润气候；对土壤要求不严，极耐干旱和瘠薄。
绿化应用 观花。可在园林绿地中用于花架、花廊、假山、墙垣绿化。

常春油麻藤 豆科·黧豆属
Mucuna sempervirens

- 花期：4~5 月
- 果期：8~10 月
- 果荚致皮肤过敏

形态特征 常绿木质藤本。羽状复叶。总状花序生于老茎上，花冠蝶形，深紫色。果木质。
分　布 分布于黄河流域及以南地区，各地有栽培。
生态习性 喜光，较耐阴；喜温暖湿润气候；耐干旱瘠薄，喜深厚、肥沃、排水良好的土壤。
绿化应用 观花、观叶。可作庭园绿化。

紫藤 豆科·紫藤属
Wisteria sinensis

- 花期：4~5 月
- 果期：5~8 月
- 果有毒

形态特征 落叶木质藤本。羽状复叶。总状花序下垂，蝶形花冠，蓝紫色。荚果表面密生黄色绒毛。
分　布 分布于我国广大地区，各地有栽培。
生态习性 喜光，稍耐阴；较耐寒；喜深厚、肥沃、排水良好的土壤，耐轻度盐碱。
绿化应用 观花、观叶。常用于棚架、门廊的绿化。
变　型 白花紫藤（*Wisteria sinensis* f. *alba*）为紫藤的变型种，花白色。

白花紫藤

扶芳藤 卫矛科·卫矛属
Euonymus fortunei

● 花期：6~7月　　● 全株有微毒
● 果期：10月

形态特征 常绿木质藤本。叶对生。聚伞花序，花绿白色。蒴果，种子由鲜红色肉质假种皮全包。
分　布 分布于黄河以南地区，各地有栽培。
生态习性 耐阴；喜温暖，耐寒性不强；耐水湿，较耐旱；耐瘠薄，耐中度盐碱。
绿化应用 观叶、观果。可作垂直绿化植物、地被，也可盆栽观赏。

五叶地锦 葡萄科·爬山虎属
Parthenocissus quinquefolia

● 花期：6~7月
● 果期：8~10月

形态特征 落叶木质藤本。叶为掌状5小叶，边缘有粗锯齿。
分　布 原产北美洲，我国引种栽培。
生态习性 喜光，耐阴；较耐旱；喜排水良好、中等湿度土壤，耐轻度盐碱。
绿化应用 观叶。为优美的攀援植物，可用于垂直绿化，攀爬覆盖墙面、石坡等。

爬山虎（地锦） 葡萄科·爬山虎属
Parthenocissus tricuspidata

● 花期：6月
● 果期：9~10月

形态特征 落叶木质藤本。卷须短，多分枝，顶有吸盘。叶互生。单叶，掌状分裂，或3小叶复叶。
分　布 分布于我国广大地区，各地有栽培。
生态习性 喜光，耐阴；耐寒；对气候与土壤的适应能力很强。
绿化应用 观叶。为优美的攀援植物，可用于垂直绿化，攀爬覆盖墙面、石坡等。

葡萄 　　葡萄科·葡萄属
Vitis vinifera

- 花期：4~5 月
- 果期：8~9 月

形态特征 落叶木质藤本。卷须 2 叉分枝。叶互生，卵圆形。圆锥花序，与叶对生。浆果球形。

分　布 分布于我国广大地区，各地有栽培。

生态习性 喜光；喜干燥及夏季高温的大陆性气候，冬季耐低温，但需防严寒；耐轻度盐碱。

绿化应用 观花、观果。可用于垂直绿化，攀爬覆盖墙面、石坡等。

洋常春藤 　　五加科·常春藤属
Hedera helix

- 全株有毒

形态特征 常绿木质灌木。有气生根。叶互生，叶脉呈白色。伞形花序，花绿白色。

分　布 原产欧洲及高加索地区，我国引种栽培。

生态习性 喜光，极耐阴；较耐寒；对土壤和水分的要求不严，宜酸性至中性土壤。

绿化应用 观叶。可用于垂直绿化，攀援山石、建筑物之阴面。

常春藤 　　五加科·常春藤属
Hedera nepalensis var. sinensis

- 全株有毒

形态特征 常绿木质灌木。有气生根。叶互生，革质。伞形花序或 2~7 朵顶生，花白色。

分　布 分布于黄河流域及以南地区，各地有栽培。

生态习性 喜光，极耐阴；较耐寒；较耐旱、水湿；宜酸性至中性土壤，耐中度盐碱。

绿化应用 观叶。可用于垂直绿化，攀援山石、建筑物之阴面。

络石　　　　夹竹桃科·络石属
Trachelospermum jasminoides

- 花期: 4~5 月
- 果期: 9~10 月

形态特征	常绿木质藤本。叶对生。聚伞花序，花冠白色。蓇葖果，种子顶端有白色毛。
分　布	分布于除新疆、青海、西藏及东北地区以外各省，各地有栽培。
生态习性	喜阴；喜温暖湿润气候，不耐寒；较耐干旱；耐瘠薄，对土壤要求不严。
绿化应用	观花、观叶。叶色浓绿，四季常青，花白繁茂，具芳香，可用于垂直绿化，攀覆山石、墙壁等。
品　种	**花叶络石**（*Trachelospermum jasminoides* 'Variegatum'）为络石的栽培品种，新叶粉红、白色，老叶绿色。

花叶络石

蔓长春花　　　　夹竹桃科·蔓长春花属
Vinca major

- 花期: 3~7 月
- 全株有毒

形态特征	常绿木质藤本。叶椭圆形。花单生于叶腋，花冠蓝色，花冠筒漏斗状。蓇葖果双生。
分　布	原产欧洲，各地有栽培。
生态习性	耐阴；喜温暖气候，不耐寒；较耐旱；宜深厚、肥沃、湿润的土壤，耐中度盐碱。
绿化应用	观花、观叶。庭园观赏植物，花与叶均可赏，常栽作地被。
品　种	**花叶蔓长春花**（*Vinca major* 'Variegata'）为蔓长春花的栽培品种，叶边缘黄白色。

花叶蔓长春花

金叶番薯　　　　旋花科·番薯属
Ipomoea batatas 'Margarita'

形态特征	多年生草质藤本。叶呈心形或不规则卵形，全缘或有分裂，叶色为黄绿色，嫩叶具绒毛。
分　布	番薯（*Ipomoea batatas*）的栽培品种，原产南美洲，各地有栽培。
生态习性	喜光，不耐阴；喜高温，不耐寒；耐干旱；耐瘠薄。
绿化应用	观叶。常用作花坛、花境的配植，也可与其他彩叶植物相互衬托。

凌霄
紫葳科 · 凌霄属
Campsis grandiflora

- 花期：5~8 月
- 果期：11 月

形态特征 落叶木质藤本。气生根攀援。叶对生，两面无毛。圆锥花序，花冠漏斗形，内面鲜红色，外面橙黄色。蒴果长圆柱形。

分　布 分布于我国中部和东部，各地有栽培。

生态习性 喜光，耐半阴；不耐寒；耐干旱瘠薄；喜肥沃、湿润、排水良好的微酸性土壤，耐轻度盐碱。

绿化应用 观花。优良的垂直绿化材料，可用于攀援棚架、花门、假山和墙垣。

厚萼凌霄（美国凌霄）
紫葳科 · 凌霄属
Campsis radicans

- 花期：5~9 月
- 果期：11 月

形态特征 落叶木质藤本。气生根攀援。叶对生，背面被毛。圆锥花序，花冠漏斗形，橙红色至鲜红色。蒴果长圆柱形。

分　布 原产美洲，各地有栽培。

生态习性 喜光，稍耐阴；耐寒力较强；耐旱，耐水湿；对土壤要求不严，耐轻度盐碱。

绿化应用 观花。优良的垂直绿化材料，可用于攀援棚架、花门、假山和墙垣。

忍冬（金银花）
忍冬科 · 忍冬属
Lonicera japonica

- 花期：5~7 月
- 果期：10~11 月

形态特征 半常绿木质藤本。叶对生。花成对腋生，花冠二唇形，初开时白色，后转黄，芳香。

分　布 分布于我国广大地区，各地有栽培。

生态习性 喜光，耐阴，耐寒；较耐旱；耐瘠薄，在酸性至碱性土壤上均能生长。

绿化应用 观花。十分适宜作垂直绿化植物。

同属种类 **京红久忍冬**（*Lonicera × heckrottii*）为忍冬属的杂交种，花冠两轮，外轮玫红色，内轮黄色。

京红久忍冬

附 录
APPENDIX

苏州市城市绿化适生植物
应用汇总表

习性	植物名	观赏特征					适生生境							适生绿化类型						产地		备注
		花	叶	果	姿态	枝干	喜光	喜阴	耐阴	耐淹	耐旱	喜酸	耐盐碱	道路	滨水	立体	防护	居住·单位	花境	本土	外来	
常绿乔灌木	苏铁 *Cycas revoluta*		*		*		*		*		*	*						*			*	不耐寒
	雪松 *Cedrus deodara*				*		*		*			*	*	*				*		*	*	
	江南油杉 *Keteleeria fortunei* var. *cyclolepis*				*		*		*		*	*						*			*	
	白皮松 *Pinus bungeana*				*		*		*					*				*		*	*	
	湿地松 *Pinus elliottii*				*		*			*	*	*		*		*		*		*	*	
	马尾松 *Pinus massoniana*				*		*				*	*						*		*	*	
	日本五针松 *Pinus parviflora*				*		*		*									*	*	*	*	
	黑松 *Pinus thunbergii*				*		*					*						*		*	*	
	日本柳杉 *Cryptomeria japonica*				*		*					*						*		*	*	
	柳杉 *Cryptomeria japonica* var. *sinensis*				*		*					*						*		*		
	水松 *Glyptostrobus pensilis*		*		*		*			*					*						*	半常绿
	墨西哥落羽杉 *Taxodium mucronatum*		*		*		*			*	*			*	*		*			*	*	半常绿
	蓝湖柏 *Chamaecyparis pisifera* 'Boulevard'	*			*				*										*		*	
	香冠柏 *Cupressus macrocarpa* 'Gloderest'	*			*				*										*		*	
	蓝冰柏 *Cupressus glabra* 'Blue Ice'	*			*				*		*								*		*	
	圆柏 *Juniperus chinensis*				*		*		*		*		*					*		*		
	皮球柏 *Juniperus chinensis* 'Globosa'				*				*										*	*	*	
	龙柏 *Juniperus chinensis* 'Kaizuka'				*		*		*								*			*		
	铺地龙柏 *Juniperus chinensis* 'Kaizuka Procumbens'				*		*		*						*	*		*		*		
	刺柏 *Juniperus formosana*				*		*		*								*			*		
	铺地柏 *Juniperus procumbens*				*		*				*			*		*		*		*	*	
	侧柏 *Platycladus orientalis*				*		*		*		*	*			*					*		
	洒金千头柏 *Platycladus orientalis* 'Aurea Nana'	*			*		*											*	*	*		
	千头柏 *Platycladus orientalis* 'Sieboldii'				*		*											*	*	*		
	竹柏 *Nageia nagi*				*				*								*	*			*	
	罗汉松 *Podocarpus macrophyllus*				*										*		*	*		*		
	南方红豆杉 *Taxus wallichiana* var. *mairei*			*	*			*				*						*		*		
	榧树 *Torreya grandis*				*				*			*						*		*		

注：外来种中经长期栽培，已融入到本地生态系统中，且并不对本地生态系统构成危险者，在产地列本土和外来同时标记＊号。备注栏中注"不耐寒"，表明该种在苏州不能露地越冬。

习性	植物名	观赏特征					适生生境							适生绿化类型						产地		备注
		花	叶	果	姿态	枝干	喜光	喜阴	耐阴	耐淹	耐旱	喜酸	耐盐碱	道路	滨水	立体	防护	居住-单位	花境	本土	外来	
常绿乔灌木	杨梅 *Myrica rubra*	*		*			*		*		*	*		*						*		
	苦槠 *Castanopsis sclerophylla*	*		*			*		*		*	*		*			*			*		
	青冈 *Cyclobalanopsis glauca*	*			*		*		*					*				*		*	*	
	三角梅 *Bougainvillea glabra*	*									*					*			*		*	不耐寒
	广玉兰 *Magnolia grandiflora*	*								*								*		*	*	
	木莲 *Manglietia fordiana*	*			*					*								*		*	*	
	乐昌含笑 *Michelia chapensis*	*			*			*				*					*		*	*	*	
	含笑 *Michelia figo*	*			*		*					*		*				*		*	*	
	深山含笑 *Michelia maudiae*				*		*		*	*	*	*	*	*	*			*	*		*		
	香樟 *Cinnamomum camphora*				*		*		*			*						*		*		
	天竺桂 *Cinnamomum japonicum*	*							*		*							*		*		
	月桂 *Laurus nobilis*		*	*	*				*			*						*			*	
	浙江润楠 *Machilus chekiangensis*		*	*	*				*			*						*		*		
	红楠 *Machilus thunbergii*				*		*		*			*		*				*		*		
	浙江楠 *Phoebe chekiangensis*				*		*		*			*		*				*		*		
	紫楠 *Phoebe sheareri*	*			*		*		*			*	*	*	*	*		*		*		
	海桐 *Pittosporum tobira*				*				*		*			*	*		*	*				
	蚊母树 *Distylium racemosum*				*				*		*			*			*	*				
	杨梅叶蚊母树 *Distylium myricoides*	*							*		*	*		*				*	*	*		
	檵木 *Loropetalum chinense*	*	*				*		*		*	*	*	*	*	*		*	*	*	*	
	红花檵木 *Loropetalum chinense* var. *rubrum*		*		*		*		*			*	*			*	*	*		*		
	枇杷 *Eriobotrya japonica*	*		*			*		*									*		*		
	椤木石楠 *Photinia bodinieri*	*		*	*		*		*			*		*	*		*			*		
	石楠 *Photinia serratifolia*	*	*	*			*		*			*		*	*	*	*	*	*	*		
	红叶石楠 *Photinia × fraseri*	*	*	*			*					*		*	*	*	*	*	*	*		
	火棘 *Pyracantha fortuneana*	*	*	*			*					*		*	*	*		*	*	*		
	小丑火棘 *Pyracantha fortuneana* 'Harlequin'	*		*	*		*		*									*		*		或落叶
	红豆树 *Ormosia hosiei*				*		*					*		*				*		*	*	
	香圆 *Citrus grandis × junos*				*		*					*						*			*	不耐寒

续表

观赏特征 = 花 / 叶 / 果 / 姿态 / 枝干；适生生境 = 喜光 / 喜阴 / 耐阴 / 耐淹 / 耐旱 / 喜酸 / 耐盐碱；适生绿化类型 = 道路 / 滨水 / 立体 / 防护 / 居住-单位；产地 = 本土 / 外来

习性	植物名	花	叶	果	姿态	枝干	喜光	喜阴	耐阴	耐淹	耐旱	喜酸	耐盐碱	道路	滨水	立体	防护	居住-单位	花境	本土	外来	备注
常绿乔灌木	柚子 *Citrus maxima*	*			*		*					*		*		*		*		*	*	
	柑橘 *Citrus reticulata*	*			*		*					*		*		*		*		*	*	
	竹叶花椒 *Zanthoxylum armatum*				*		*										*			*		
	变叶木 *Codiaeum variegatum*		*				*										*				*	有毒 不耐寒
	一品红 *Euphorbia pulcherrima*		*				*												*		*	有毒 不耐寒
	雀舌黄杨 *Buxus harlandii*				*		*	*									*	*	*	*		
	小叶黄杨 *Buxus sinica*				*		*	*	*	*	*	*	*	*	*	*	*	*		*		
	冬青 *Ilex chinensis*	*		*			*		*		*	*		*		*	*			*		
	枸骨 *Ilex cornuta*		*	*					*		*	*	*	*	*	*	*			*		
	无刺枸骨 *Ilex cornuta* 'National'			*					*		*	*	*	*					*	*		
	黄金枸骨 *Ilex × attenuata* 'Sunny Foster'		*																*		*	
	龟甲冬青 *Ilex crenata* 'Convexa'				*		*		*			*						*	*		*	
	金宝石冬青 *Ilex crenata* 'Golden Gem'		*						*			*							*		*	
	大叶冬青 *Ilex latifolia*				*	*			*			*						*	*	*		
	大叶黄杨 *Euonymus japonicus*		*	*					*	*				*	*	*	*	*		*		全株 有微毒
	金边大叶黄杨 *Euonymus japonicus* 'Aureomarginatus'		*							*						*	*	*		*		全株 有微毒
	樟叶槭 *Acer coriaceifolium*		*		*		*		*								*				*	
	杜英 *Elaeocarpus decipiens*	*	*						*	*					*						*	
	朱槿 *Hibiscus rosa-sinensis*	*					*												*		*	不耐寒
	杜鹃叶山茶 *Camellia azalea*	*							*										*	*	*	
	山茶 *Camellia japonica*	*							*				*		*		*		*	*	*	
	滇山茶 *Camellia reticulata*	*							*				*						*		*	
	茶梅 *Camellia sasanqua*	*							*			*	*		*		*		*	*	*	*
	单体红山茶（美人茶） *Camellia uraku*	*							*				*						*	*	*	
	格药柃 *Eurya muricata*	*							*				*						*	*		
	木荷 *Schima superba*	*					*		*			*	*					*		*		
	厚皮香 *Ternstroemia gymnanthera*		*	*			*		*				*						*	*		
	金丝桃 *Hypericum monogynum*	*			*				*						*		*		*	*	*		半常绿
	金丝梅 *Hypericum patulum*	*			*				*										*	*	*		半常绿

习性	植物名	花	叶	果	姿态	枝干	喜光	喜阴	耐阴	耐淹	耐旱	喜酸	耐盐碱	道路	滨水	立体	防护	居住-单位	花境	本土	外来	备注
	柞木 *Xylosma congesta*				*				*								*			*		
	胡颓子 *Elaeagnus pungens*	*		*					*	*	*		*	*	*	*	*	*	*	*		
	金边胡颓子 *Elaeagnus pungens* 'Variegata'	*	*	*					*	*	*		*					*	*	*		
	细叶萼距花 *Cuphea hyssopifolia*	*					*												*		*	不耐寒
	菲油果 *Acca sellowiana*	*			*				*										*		*	
	垂枝红千层 *Callistemon viminalis*	*					*												*		*	
	黄金串钱柳（黄金香柳）*Melaleuca bracteata* 'Revolution Gold'		*				*		*			*							*		*	不耐寒
	八角金盘 *Fatsia japonica*		*						*							*	*	*		*		
	熊掌木 ×*Fatshedera lizei*		*						*							*	*	*		*		
	洒金桃叶珊瑚 *Aucuba japonica* 'Variegata'		*						*							*	*	*		*		
	毛鹃 *Rhododendron* × *pulchrum*	*							*			*		*		*		*	*	*		
	夏鹃（紫鹃）Hybrid *Rhododendron indicum*	*							*			*						*	*	*		
	东鹃 Hybrid *Rhododendron obtusum*	*							*			*						*	*	*		
常绿乔灌木	乌饭树（南烛）*Vaccinium bracteatum*	*					*		*			*						*		*		
	蓝花丹（蓝雪花）*Plumbago auriculata*	*							*		*						*	*	*		*	
	乌柿 *Diospyros cathayensis*	*		*			*		*									*		*		半常绿
	光亮山矾（四川山矾）*Symplocos lucida*	*							*		*						*			*		
	探春花 *Jasminum floridum*	*				*			*									*	*	*		
	云南黄馨 *Jasminum mesnyi*	*					*		*		*					*		*	*	*		
	浓香茉莉 *Jasminum odoratissimum*	*					*				*							*	*	*		
	金叶女贞 *Ligustrum* 'Vicaryi'		*				*										*	*			*	半常绿
	金森女贞 *Ligustrum japonicum* 'Howardii'	*					*		*					*		*	*	*		*		
	女贞 *Ligustrum lucidum*	*			*		*			*		*		*	*			*		*		
	桂花 *Osmanthus fragrans*	*					*				*			*		*		*		*		
	柊树 *Osmanthus heterophyllus*	*			*		*		*		*			*						*		
	夹竹桃 *Nerium oleander*	*					*			*	*		*	*		*			*	*	*	全株有毒
	白花夹竹桃 *Nerium oleander* 'Paihua'	*					*			*	*		*	*		*			*	*	*	全株有毒
	迷迭香 *Rosmarinus officinalis*	*	*						*									*	*		*	
	银石蚕（水果蓝）*Teucrium fruticans*	*	*								*							*	*		*	

苏州市城市绿化适生植物应用

习性	植物名	花	叶	果	姿态	枝干	喜光	喜阴	耐阴	耐淹	耐旱	喜酸	耐盐碱	道路	滨水	立体	防护	居住-单位	花境	本土	外来	备注
					观赏特征					适生生境						适生绿化类型				产地		
常绿乔灌木	栀子 *Gardenia jasminoides*	*		*				*		*	*		*		*			*		*		
	狭叶栀子 *Gardenia jasminoides* 'Radicans'	*						*		*	*		*	*		*		*	*	*		
	六月雪 *Serissa japonica*	*						*			*					*		*	*	*		
	金边六月雪 *Serissa japonica* 'Variegata'	*	*					*										*	*	*		
	大花六道木 *Abelia×grandiflora*	*					*				*		*	*	*	*		*	*		*	半常绿
	金叶大花六道木 *Abelia×grandiflora* 'Francis Mason'	*	*				*				*		*					*	*		*	半常绿
	匍枝亮叶忍冬 *Lonicera ligustrina* var. *yunnanensis* 'Maigrun'	*						*			*		*					*	*		*	半常绿
	日本珊瑚树（法国冬青） *Viburnum odoratissimum* var. *awabuki*				*		*		*				*	*	*	*	*	*		*	*	
	地中海荚蒾 *Viburnum tinus*	*					*				*							*	*		*	
	阔叶十大功劳 *Mahonia bealei*	*		*				*			*							*		*	*	全株有毒
	十大功劳 *Mahonia fortunei*	*						*			*							*			*	全株有毒
	南天竹 *Nandina domestica*	*	*	*				*							*		*	*	*	*		全株有毒
	火焰南天竹 *Nandina domestica* 'Fire Power'		*												*			*	*	*		全株有毒
	孝顺竹（慈孝竹） *Bambusa multiplex*				*	*												*		*	*	
	凤尾竹 *Bambusa multiplex* 'Fernleaf'				*	*												*	*	*	*	
	小琴丝竹 *Bambusa multiplex* 'Alphonse-Karr'				*	*												*		*	*	
	阔叶箬竹 *Indocalamus latifolius*				*				*		*		*			*		*		*		
	箬竹 *Indocalamus tessellatus*				*				*			*						*		*		
	人面竹（罗汉竹） *Phyllostachys aurea*				*	*	*											*		*		
	黄槽竹 *Phyllostachys aureosulcata*				*	*	*											*		*		
	金镶玉竹 *Phyllostachys aureosulcata* 'Spectabilis'				*	*	*											*		*		
	毛竹 *Phyllostachys edulis*				*		*					*						*		*		
	龟甲竹 *Phyllostachys edulis* 'Heterocycla'				*		*											*		*		
	水竹 *Phyllostachys heteroclada*				*		*											*		*		
	红哺鸡竹 *Phyllostachys iridescens*				*		*											*		*		
	紫竹 *Phyllostachys nigra*				*		*		*			*						*		*		
	斑竹（湘妃竹） *Phyllostachys reticulata* f. *lacrima-deae*				*		*											*		*		
	金竹 *Phyllostachys sulphurea*				*	*	*											*		*		
	乌哺鸡竹 *Phyllostachys vivax*				*		*											*		*		

习性	植物名	观赏特征					适生生境							适生绿化类型						产地		备注
		花	叶	果	姿态	枝干	喜光	喜阴	耐阴	耐淹	耐旱	喜酸	耐盐碱	道路	滨水	立体	防护	居住-单位	花境	本土	外来	
常绿乔灌木	黄竿乌哺鸡竹 *Phyllostachys vivax* 'Aureocaulis'				*	*	*											*		*		
	黄纹竹 *Phyllostachys vivax* 'Huangwenzhu'				*	*	*											*		*		
	铺地竹 *Pleioblastus argenteostriatus*		*						*									*		*		
	菲白竹 *Pleioblastus fortunei*		*						*									*		*	*	
	大明竹 *Pleioblastus gramineus*				*				*									*		*		
	鹅毛竹 *Shibataea chinensis*				*				*									*		*		
	短穗竹 *Semiarundinaria densiflora*				*		*		*									*		*		
	布迪椰子 *Butia capitata*				*	*	*				*							*			*	
	棕榈 *Trachycarpus fortunei*				*	*	*		*				*	*			*			*	*	
	凤尾丝兰 *Yucca gloriosa*	*	*				*				*							*	*	*		
落叶乔灌木	银杏 *Ginkgo biloba*		*		*		*				*			*			*			*		外种皮有毒
	金钱松 *Pseudolarix amabilis*		*		*		*		*			*						*		*		
	水杉 *Metasequoia glyptostroboides*		*		*		*			*				*	*	*	*			*	*	
	落羽杉 *Taxodium distichum*		*		*		*			*	*			*	*		*			*	*	
	池杉 *Taxodium distichum* var. *imbricatum*		*		*		*			*	*			*	*	*	*			*	*	
	中山杉 *Taxodium* 'Zhongshanshan'		*		*		*			*	*			*	*	*				*	*	
	加拿大杨 *Populus* × *canadensis*				*		*			*	*			*			*			*		
	垂柳 *Salix babylonica*				*		*			*		*		*						*		
	腺柳 *Salix chaenomeloides*				*		*			*	*		*	*						*		
	杞柳 *Salix integra*		*				*			*	*			*				*	*	*		
	彩叶杞柳 *Salix integra* 'Hakuro-nishiki'		*				*			*	*			*				*	*	*		
	旱柳 *Salix matsudana*				*		*			*	*		*	*						*		
	薄壳山核桃 *Carya illinoinensis*		*	*			*				*			*						*	*	
	化香树 *Platycarya strobilaceae*	*		*			*										*			*		
	枫杨 *Pterocarya stenoptera*				*		*			*	*		*	*	*					*		叶有毒
	江南桤木 *Alnus trabeculosa*				*		*			*	*		*	*						*		
	栗（板栗） *Castanea mollissima*	*		*			*					*				*	*			*		
	麻栎 *Quercus acutissima*		*		*		*			*	*		*	*						*		
	白栎 *Quercus fabri*		*		*		*					*								*		

苏州市城市绿化适生植物应用

习性	植物名	观赏特征					适生生境							适生绿化类型						产地		备注
		花	叶	果	姿态	枝干	喜光	喜阴	耐阴	耐淹	耐旱	喜酸	耐盐碱	道路	滨水	立体	防护	居住-单位	花境	本土	外来	
落叶乔灌木	柳叶栎 *Quercus phellos*		*		*		*		*	*				*							*	
	德州栎（娜塔栎）*Quercus texana*		*		*		*					*		*							*	
	栓皮栎 *Quercus variabilis*				*		*		*		*	*	*	*						*		
	糙叶树 *Aphananthe aspera*		*		*		*		*		*			*	*			*		*		
	珊瑚朴 *Celtis julianae*		*	*	*		*		*					*				*		*		
	朴树 *Celtis sinensis*		*	*	*		*		*	*	*			*	*	*		*		*		
	青檀 *Pteroceltis tatarinowii*				*		*		*		*			*				*		*		
	榔榆 *Ulmus parvifolia*		*	*	*		*			*	*		*		*			*		*		
	榆树 *Ulmus pumila*	*		*	*		*				*				*			*		*		
	榉树（大叶榉）*Zelkova schneideriana*		*		*		*				*	*		*	*			*		*		
	无花果 *Ficus carica*			*			*						*		*			*		*	*	
	柘 *Maclura tricuspidata*			*					*	*	*	*			*			*		*		
	桑 *Morus alba*			*						*	*	*			*			*		*		
	牡丹 *Paeonia suffruticosa*	*			*			*										*		*		
	鹅掌楸（马褂木）*Liriodendron chinense*		*		*		*				*							*		*	*	
	杂种鹅掌楸（杂交马褂木）*Liriodendron × sino-americanum*		*		*		*							*				*		*	*	
	二乔玉兰 *Yulania × soulangeana*	*					*		*					*				*		*		
	望春玉兰 *Yulania biondii*	*			*		*				*			*				*		*	*	
	玉兰 *Yulania denudata*	*			*		*		*			*		*				*		*	*	
	紫玉兰 *Yulania liliiflora*	*			*		*							*				*		*	*	
	蜡梅 *Chimonanthus praecox*	*			*		*		*		*			*		*		*		*		果实有毒
	檫木 *Sassafras tzumu*	*			*		*				*							*		*		
	齿叶溲疏 *Deutzia crenata*	*					*					*						*		*	*	
	八仙花（绣球）*Hydrangea macrophylla*	*							*			*				*	*	*	*	*	*	
	银边八仙花 *Hydrangea macrophylla* 'Maculata'	*							*									*	*	*	*	
	圆锥绣球 *Hydrangea paniculata*	*									*			*		*		*	*	*		
	蜡瓣花 *Corylopsis sinensis*	*									*	*						*		*		
	金缕梅 *Hamamelis mollis*	*			*				*			*						*		*		
	枫香 *Liquidambar formosana*		*				*			*	*	*	*	*	*			*		*		

318

习性	植物名	观赏特征					适生生境							适生绿化类型						产地		备注
		花	叶	果	姿态	枝干	喜光	喜阴	耐阴	耐淹	耐旱	喜酸	耐盐碱	道路	滨水	立体	防护	居住-单位	花境	本土	外来	
落叶乔灌木	北美枫香 *Liquidambar styraciflua*		*				*							*				*			*	
	银缕梅 *Shaniodendron subaequale*		*				*											*		*		
	杜仲 *Eucommia ulmoides*				*		*				*		*	*					*		*		
	二球悬铃木（法国梧桐） *Platanus × acerifolia*		*		*					*	*			*							*	*	
	桃 *Amygdalus persica*	*									*								*				
	紫叶桃 *Amygdalus persica* 'Atropurpurea'	*					*							*							*		
	碧桃 *Amygdalus persica* 'Duplex'	*					*							*					*		*		
	菊花桃 *Amygdalus persica* 'Kikumomo'	*					*												*		*		
	洒金碧桃 *Amygdalus persica* 'Versicolor'	*					*												*		*		
	榆叶梅 *Amygdalus triloba*	*	*	*			*				*		*						*		*		
	梅 *Armeniaca mume*	*										*	*	*									
	杏 *Armeniaca vulgaris*	*					*							*					*		*		
	钟花樱桃（寒绯樱） *Cerasus campanulata*	*					*												*			*	
	迎春樱桃 *Cerasus discoidea*	*					*												*		*		
	麦李 *Cerasus glandulosa*	*					*												*		*		
	郁李 *Cerasus japonica*	*					*			*	*								*		*	*	
	樱桃 *Cerasus pseudocerasus*	*		*			*												*		*		
	日本晚樱 *Cerasus serrulata* var. *lannesiana*	*	*											*							*	*	
	大岛樱 *Cerasus serrulata* var. *lannesiana* 'Speciosa'	*					*												*		*	*	
	东京樱花 *Cerasus yedoensis*	*					*							*					*		*	*	
	木瓜海棠 *Chaenomeles cathayensis*	*		*			*		*					*					*		*		
	木瓜 *Chaenomeles sinensis*	*		*			*		*			*		*					*		*		
	贴梗海棠（皱皮木瓜） *Chaenomeles speciosa*	*					*		*										*	*	*		
	山楂 *Crataegus pinnatifida*	*		*			*		*		*								*		*		
	白鹃梅 *Exochorda racemosa*	*					*		*										*		*		
	棣棠 *Kerria japonica*	*							*								*		*		*		
	重瓣棣棠 *Kerria japonica* f. *pleniflora*	*							*										*		*		
	山荆子 *Malus baccata*	*		*			*												*		*		
	垂丝海棠 *Malus halliana*	*		*					*					*		*					*		

习性	植物名	观赏特征					适生生境							适生绿化类型						产地		备注
		花	叶	果	姿态	枝干	喜光	喜阴	耐阴	耐淹	耐旱	喜酸	耐盐碱	道路	滨水	立体	防护	居住单位	花境	本土	外来	
落叶乔灌木	湖北海棠 *Malus hupehensis*	*		*					*									*		*		
	西府海棠 *Malus × micromalus*	*		*			*							*				*		*	*	
	海棠花 *Malus spectabilis*	*		*			*							*				*		*	*	
	北美海棠（道格）*Malus* 'Dolgo'	*		*			*							*				*			*	
	北美海棠（绚丽）*Malus* 'Radiant'	*		*			*							*				*			*	
	金叶风箱果 *Physocarpus opulifolius* 'Lutea'	*	*				*				*							*			*	
	紫叶李 *Prunus cerasifera* f. *atropurpurea*	*	*				*				*	*	*	*	*	*		*		*	*	
	美人梅 *Prunus × blireana* 'Meiren'	*					*									*		*		*	*	
	李 *Prunus salicina*	*					*		*					*				*		*		
	豆梨 *Pyrus calleryana*	*		*			*				*	*			*			*		*		
	沙梨 *Pyrus pyrifolia*	*		*			*											*		*		
	现代月季 *Rosa* cv.	*					*					*		*	*	*		*		*		
	华北珍珠梅 *Sorbaria kirilowii*	*							*		*			*				*			*	
	麻叶绣线菊 *Spiraea cantoniensis*	*					*											*	*	*	*	
	粉花绣线菊 *Spiraea japonica*	*					*				*			*		*		*	*	*	*	
	金焰绣线菊 *Spiraea japonica* 'Goldflame'	*	*				*											*	*	*	*	
	金山绣线菊 *Spiraea japonica* 'Gold Mound'	*	*				*											*	*	*		
	珍珠绣线菊 *Spiraea thunbergii*	*					*									*	*			*		
	合欢 *Albizia julibrissin*	*					*				*							*		*		
	锦鸡儿 *Caragana sinica*	*					*				*			*		*	*	*	*	*		
	加拿大紫荆 *Cercis canadensis*	*					*		*					*							*	
	紫荆 *Cercis chinensis*	*					*					*	*			*		*		*		
	白花紫荆 *Cercis chinensis* f. *alba*	*					*										*	*		*		
	湖北紫荆（巨紫荆）*Cercis glabra*	*		*			*											*			*	
	金雀儿 *Cytisus scoparius*	*					*				*								*		*	全株有毒
	黄檀 *Dalbergia hupenana*	*	*				*				*			*	*			*		*		
	皂荚 *Gleditsia sinensis*	*		*			*		*		*							*		*		
	马棘 *Indigofera pseudotinctoria*	*		*			*										*	*	*	*		
	刺槐 *Robinia pseudoacacia*	*					*				*		*					*			*	

习性	植物名	花	叶	果	姿态	枝干	喜光	喜阴	耐阴	耐淹	耐旱	喜酸	耐盐碱	道路	滨水	立体	防护	居住-单位	花境	本土	外来	备注
落叶乔灌木	伞房决明 *Senna corymbosa*	*					*		*									*	*		*	
	槐 *Sophora japonica*				*		*		*		*		*		*			*		*		
	金枝槐 *Sophora japonica* 'Golden Stem'		*		*	*	*											*		*		
	龙爪槐 *Sophora japonica* f. *pendula*				*									*	*			*		*		
	枳 *Citrus trifoliata*	*			*				*			*					*			*		
	吴茱萸 *Tetradium ruticarpum*	*		*			*						*					*		*		
	花椒 *Zanthoxylum bungeanum*		*				*				*							*		*		
	臭椿 *Ailanthus altissima*	*		*			*				*				*		*			*		
	红叶椿 *Ailanthus altissima* 'Hongye'		*				*									*	*			*		
	棟 *Melia azedarach*	*		*	*		*			*	*			*	*			*		*		果有毒
	香椿 *Toona sinensis*	*					*				*		*					*		*		
	山麻杆 *Alchornea davidii*	*	*				*			*	*							*		*		
	重阳木 *Bischofia polycarpa*				*	*	*			*	*							*		*		
	乌桕 *Triadica sebifera*		*	*			*			*	*			*	*			*		*		
	南酸枣 *Choerospondias axillaris*		*	*			*		*				*			*	*			*	*	
	黄栌 *Cotinus coggygria*	*					*		*		*	*						*			*	汁液致敏
	美国黄栌 *Cotinus obovatus*	*					*		*		*							*			*	汁液致敏
	黄连木 *Pistacia chinensis*		*	*			*		*											*		
	盐肤木 *Rhus chinensis*	*	*				*				*	*					*			*		
	北美冬青 *Ilex verticillata*			*						*	*					*			*		*	
	卫矛 *Euonymus alatus*		*	*					*		*			*		*		*		*		全株有微毒
	白杜（丝绵木） *Euonymus maackii*	*	*				*		*	*	*		*	*	*	*		*		*		全株有微毒
	三角枫 *Acer buergerianum*		*							*	*	*	*	*	*			*		*		
	栲叶械（复叶械） *Acer negundo*		*				*				*							*		*	*	
	鸡爪械 *Acer palmatum*		*	*			*		*					*				*		*	*	
	红枫 *Acer palmatum* 'Atropurpureum'		*				*		*									*	*	*	*	
	羽毛械 *Acer palmatum* 'Dissectum'		*	*			*		*					*				*	*	*	*	
	五角枫 *Acer pictum* subsp. *mono*		*	*			*		*				*					*		*		
	元宝械 *Acer truncatum*		*				*		*		*							*		*		

竖排标题：苏州市城市绿化适生植物应用

习性	植物名	花	叶	果	姿态	枝干	喜光	喜阴	耐阴	耐淹	耐旱	喜酸	耐盐碱	道路	滨水	立体	防护	居住-单位	花境	本土	外来	备注
落叶乔灌木	红花槭（美国红枫）*Acer rubrum*		*				*											*			*	
	七叶树 *Aesculus chinensis*	*	*				*		*					*				*		*		果有毒
	复羽叶栾树 *Koelreuteria bipinnata*	*	*	*			*		*			*		*						*		
	无患子 *Sapindus saponaria*		*	*			*		*		*		*	*	*					*		
	拐枣（枳椇）*Hovenia acerba*		*	*			*		*									*		*		
	雀梅藤 *Sageretia thea*		*		*		*		*										*	*		
	枣 *Ziziphus jujuba*		*	*			*				*	*		*					*	*		
	海滨木槿 *Hibiscus hamabo*	*	*				*		*	*	*		*	*	*					*	*	
	木芙蓉 *Hibiscus mutabilis*	*					*		*	*	*		*	*	*	*		*			*	
	木槿 *Hibiscus syriacus*	*					*		*	*	*		*	*	*	*	*	*	*	*		
	梧桐 *Firmiana simplex*		*	*			*											*		*		
	柽柳 *Tamarix chinensis*	*					*				*	*		*		*				*	*	*
	结香 *Edgeworthia chrysantha*	*			*		*		*					*				*	*	*		
	紫薇 *Lagerstroemia indica*	*					*		*		*			*		*				*		
	银薇 *Lagerstroemia indica* 'Alba'	*					*		*		*							*		*		
	矮紫薇 *Lagerstroemia indica* 'Monkie'	*					*		*		*			*		*		*	*	*		
	矮紫薇（午夜）*Lagerstroemia indica* 'Midnight Magic'	*					*		*		*					*				*		
	翠薇 *Lagerstroemia indica* 'Amabilis'	*					*				*									*		
	南紫薇 *Lagerstroemia subcostata*	*					*											*		*		
	石榴 *Punica granatum*	*			*		*				*		*	*	*		*		*		*	*
	重瓣红石榴 *Punica granatum* 'Pleniflora'	*			*		*				*		*	*	*				*		*	*
	喜树 *Camptotheca acuminata*			*			*		*		*				*		*			*		
	水紫树 *Nyssa aquatica*		*				*		*	*	*	*			*						*	
	刺楸 *Kalopanax septemlobus*			*			*				*						*			*		
	红瑞木 *Cornus alba*		*			*	*				*								*	*	*	
	灯台树 *Cornus controversa*	*		*	*		*		*									*		*		
	山茱萸 *Cornus officinalis*	*		*			*		*						*	*				*		
	毛梾 *Cornus walteri*	*		*			*				*							*		*		
	光皮梾木 *Cornus wilsoniana*	*		*	*		*								*			*		*		

习性	植物名	花	叶	果	姿态	枝干	喜光	喜阴	耐阴	耐淹	耐旱	喜酸	耐盐碱	道路	滨水	立体	防护	居住-单位	花境	本土	外来	备注
落叶乔灌木	柿树 *Diospyros kaki*		*	*			*			*	*		*	*	*			*		*		
	油柿 *Diospyros oleifera*		*	*			*			*								*		*		
	老鸦柿 *Diospyros rhombifolia*	*		*					*									*		*		
	白檀 *Symplocos paniculata*	*							*		*				*					*		
	秤锤树 *Sinojackia xylocarpa*	*		*					*			*	*					*		*		
	流苏树 *Chionanthus retusus*	*					*											*		*		
	金钟连翘 *Forsythia × intermedia*	*							*									*	*	*		
	金钟花 *Forsythia viridissima*	*							*		*							*	*	*		
	白蜡树 *Fraxinus chinensis*		*				*		*	*	*	*		*				*		*		
	迎春花 *Jasminum nudiflorum*	*					*		*		*		*		*			*		*		
	小叶女贞 *Ligustrum quihoui*	*							*		*		*	*	*	*	*	*		*		
	亮晶女贞 *Ligustrum quihoui 'Lemon Light'*		*						*		*		*						*		*	
	小蜡 *Ligustrum sinense*	*							*					*		*	*	*	*	*		
	金叶小蜡 *Ligustrum sinense 'Sunshine'*		*						*					*				*	*	*		
	银姬小蜡 *Ligustrum sinense 'Variegatum'*		*						*					*			*	*	*	*		
	紫丁香 *Syringa oblata*	*					*		*		*	*	*	*				*		*		
	白丁香 *Syringa oblata 'Alba'*	*					*		*		*	*	*					*		*		
	大叶醉鱼草 *Buddleja davidii*	*					*				*							*	*	*		
	醉鱼草 *Buddleja lindleyana*	*					*				*		*	*	*	*		*	*	*		
	厚壳树 *Ehretia acuminata*	*			*		*			*	*		*		*					*		
	华紫珠 *Callicarpa cathayana*	*		*					*						*			*		*		
	白棠子树 *Callicarpa dichotoma*	*		*					*									*		*		
	海州常山 *Clerodendrum trichotomum*	*							*									*		*		
	穗花牡荆 *Vitex agnus-castus*	*					*			*	*		*		*	*		*	*		*	
	枸杞 *Lycium chinense*	*		*					*	*	*		*		*			*		*		
	白花泡桐 *Paulownia fortunei*	*					*		*			*	*				*	*	*		*		
	毛泡桐 *Paulownia tomentosa*	*					*				*						*	*	*		*		
	楸树 *Catalpa bungei*	*			*		*					*	*	*				*		*		
	梓树 *Catalpa ovata*	*			*		*			*		*	*					*		*		

习性	植物名	花	叶	果	姿态	枝干	喜光	喜阴	耐阴	耐淹	耐旱	喜酸	耐盐碱	道路	滨水	立体	防护	居住-单位	花境	本土	外来	备注
落叶乔灌木	黄金树 *Catalpa speciosa*	*			*		*							*				*		*	*	
	水杨梅（细叶水团花） *Adina rubella*	*		*			*			*	*	*			*					*		
	荚蒾 *Viburnum dilatatum*	*		*					*			*						*		*		
	木绣球 *Viburnum macrocephalum*	*							*			*				*		*		*	*	半常绿
	琼花 *Viburnum macrocephalum* f. *keteleeri*	*							*	*	*							*		*		
	西洋接骨木 *Sambucus nigra*	*		*			*				*							*			*	
	接骨木 *Sambucus williamsii*	*		*			*			*	*	*			*			*		*		
	海仙花 *Weigela coraeensis*	*							*									*		*		
	锦带花 *Weigela florida*	*					*									*	*	*	*	*		
	红王子锦带花 *Weigela florida* 'Red Prince'	*					*											*	*	*		
	紫叶小檗 *Berberis thunbergii* 'Atropurpurea'		*				*								*			*	*	*		
一二年生草本	红蓼 *Polygonum orientale*	*					*		*	*	*				*					*		
	鸡冠花 *Celosia cristata*	*					*				*							*	*		*	
	千日红 *Gomphrena globosa*	*					*											*	*		*	
	环翅马齿苋 *Portulaca umbraticola*	*					*			*	*							*	*		*	
	芡实 *Euryale ferox*	*					*			*					*			*		*		
	虞美人 *Papaver rhoeas*	*					*				*	*									*	
	羽衣甘蓝 *Brassica oleracea* var. *acephala*	*					*									*		*			*	
	紫罗兰 *Matthiola incana*	*					*	*											*		*	
	诸葛菜（二月兰） *Orychophragmus violaceus*	*							*	*	*			*	*	*		*		*		
	羽扇豆 *Lupinus micranthus*	*					*				*					*		*			*	全株有毒
	蜀葵 *Alcea rosea*	*					*		*									*	*	*	*	
	锦葵 *Malva cathayensis*	*					*				*							*	*	*	*	
	细果野菱 *Trapa incisa*	*	*				*			*					*					*		
	欧洲报春 *Primula vulgaris*	*					*									*		*			*	
	拟美国薄荷 *Monarda fistulosa*	*							*									*	*		*	
	矮牵牛 *Petunia × hybrida*	*					*		*		*					*		*			*	
	夏堇 *Torenia fournieri*	*							*	*									*		*	
	矢车菊 *Centaurea cyanus*	*					*												*		*	

习性	植物名	观赏特征					适生生境							适生绿化类型						产地		备注
		花	叶	果	姿态	枝干	喜光	喜阴	耐阴	耐淹	耐旱	喜酸	耐盐碱	道路	滨水	立体	防护	居住－单位	花境	本土	外来	
一二年生草本	波斯菊（秋英）*Cosmos bipinnata*	*					*				*							*	*		*	
	黄秋英 *Cosmos sulphureus*	*					*				*							*	*		*	
	天人菊 *Gaillardia pulchella*	*					*			*	*	*		*				*			*	
	黑心金光菊 *Rudbeckia hirta*	*					*		*		*							*	*		*	
	万寿菊 *Tagetes erecta*	*					*		*		*						*				*	
	百日草（百日菊）*Zinnia elegans*	*					*				*	*		*				*	*		*	
	薏苡 *Coix lacryma-jobi*				*		*				*	*		*							*	
多年生草本	肾蕨 *Nephrolepis cordifolia*		*					*										*	*		*	不耐寒
	鱼腥草 *Houttuynia cordata*	*								*	*	*		*				*	*	*		
	三白草 *Saururus chinensis*	*							*	*		*		*						*		
	须苞石竹（美国石竹）*Dianthus barbatus*	*					*					*						*			*	
	西洋石竹 *Dianthus deltoides × hybrida*	*					*					*						*	*		*	
	莲（荷花）*Nelumbo nucifera*	*		*			*				*				*					*		
	萍蓬草 *Nuphar pumila*	*					*				*				*					*		
	睡莲 *Nymphaea tetragona*	*	*				*				*				*					*		
	金鱼藻 *Ceratophyllum demersum*		*				*				*				*					*		
	芍药 *Paeonia lactiflora*	*								*										*		
	八宝景天 *Hylotelephium erythrostictum*	*	*								*							*	*	*		
	佛甲草 *Sedum lineare*	*	*						*	*	*	*		*	*			*	*	*		
	垂盆草 *Sedum sarmentosum*	*	*				*		*	*	*	*		*	*			*	*	*		
	肾形草（矾根）*Heuchera micrantha*	*	*							*					*			*	*		*	
	红花酢浆草 *Oxalis corymbosa*	*							*	*					*			*	*	*		
	紫叶酢浆草 *Oxalis triangularis* 'Urpurea'	*							*										*	*		
	天竺葵 *Pelargonium hortorum*	*					*			*		*	*				*			*		*	不耐寒
	非洲凤仙花 *Impatiens walleriana*	*					*									*			*		*	不耐寒
	熊猫堇 *Viola banksii*	*					*													*		*	
	角堇 *Viola cornuta*	*								*										*		*	
	紫花地丁 *Viola philippica*	*							*	*	*	*		*						*		
	三色堇 *Viola tricolor*	*					*															*	

续表

习性	植物名	观赏特征					适生生境							适生绿化类型					产地			备注
		花	叶	果	姿态	枝干	喜光	喜阴	耐阴	耐淹	耐旱	喜酸	耐盐碱	道路	滨水	立体	防护	居住-单位	花境	本土	外来	
多年生草本	四季秋海棠 *Lythrum salicaria*	*						*				*				*			*		*	
	千屈菜 *Lythrum salicaria*	*					*			*						*			*	*		
	山桃草 *Gaura lindheimeri*	*					*				*					*			*		*	
	黄花水龙 *Ludwigia peploides* subsp. *stipulacea*	*					*			*						*				*		
	美丽月见草 *Oenothera speciosa*	*					*				*	*		*	*			*			*	
	穗状狐尾藻 *Myriophyllum spicatum*	*	*				*			*						*				*		
	金叶过路黄 *Lysimachia nummularia* 'Aurea'	*	*				*		*									*			*	
	金银莲花 *Nymphoides indica*	*					*			*						*				*		
	荇菜 *Nymphoides peltata*	*					*			*						*				*		
	长春花 *Catharanthus roseus*	*					*		*	*									*		*	
	芝樱（针叶福禄考） *Phlox subulata*	*					*											*	*		*	
	细叶美女樱 *Glandularia tenera*	*					*				*	*						*	*		*	
	美女樱 *Glandularia × hybrida*	*					*				*				*			*	*		*	
	柳叶马鞭草 *Verbena bonariensis*	*					*				*	*		*	*	*		*	*		*	
	紫叶葡匐筋骨草 *Ajuga reptans* 'Atropurpurea'	*							*	*								*	*		*	常绿
	活血丹 *Glechoma longituba*	*							*		*					*		*	*	*		
	薄荷 *Mentha canadensis*	*							*	*	*											
	薰衣草 *Lavandula angustifolia*	*					*												*		*	亚灌木
	彩叶草 *Plectranthus scutellarioides*	*	*				*					*				*			*		*	
	蓝花鼠尾草 *Salvia farinacea*	*					*				*								*		*	
	墨西哥鼠尾草 *Salvia leucantha*	*					*				*								*		*	
	林荫鼠尾草 *Salvia nemorosa*	*					*		*		*			*	*				*		*	
	一串红 *Salvia splendens*	*					*									*			*		*	
	天蓝鼠尾草 *Salvia uliginosa*	*					*				*								*		*	
	绵毛水苏 *Stachys lanata*	*									*	*							*		*	
	香彩雀 *Angelonia angustifolia*	*					*												*		*	
	金鱼草 *Antirrhinum majus*	*					*		*		*					*					*	
	毛地黄 *Digitalis purpurea*	*					*		*		*								*		*	
	钓钟柳 *Penstemon campanulatus*	*					*												*		*	

习性	植物名	观赏特征					适生生境							适生绿化类型						产地		备注
		花	叶	果	姿态	枝干	喜光	喜阴	耐阴	耐淹	耐旱	喜酸	耐盐碱	道路	滨水	立体	防护	居住一单位	花境	本土	外来	
多年生草本	五星花 *Pentas lanceolata*	*					*		*		*								*		*	不耐寒
	翠芦莉（蓝花草）*Ruellia simplex*	*							*	*	*							*	*		*	
	矮生翠芦莉 *Ruellia simplex* 'Katie'	*							*	*	*								*		*	
	桔梗 *Platycodon grandiflorus*	*							*									*	*	*		
	接骨草 *Sambucus javanica*	*		*			*								*					*		
	太平洋亚菊 *Ajania pacifica*	*					*				*							*	*		*	
	朝雾草 *Artemisia schmidtiana*		*								*							*	*		*	
	菊花 *Chrysanthemum morifolium*	*					*												*	*		
	大花金鸡菊 *Coreopsis grandiflora*	*					*				*		*		*			*	*		*	
	剑叶金鸡菊 *Coreopsis lanceolata*	*					*				*						*	*	*		*	
	芙蓉菊 *Crossostephium chinense*	*	*				*												*	*		
	大丽花 *Dahlia pinnata*	*					*				*								*		*	
	松果菊 *Echinacea purpurea*	*					*				*			*	*	*		*	*		*	
	大麻叶泽兰 *Eupatorium cannabinum*	*					*												*		*	
	黄金菊 *Euryops pectinatus* 'Viridis'	*					*				*	*	*		*			*	*		*	不耐寒
	大吴风草 *Farfugium japonicum*	*	*					*							*		*	*	*	*	*	
	旋覆花 *Inula japonica*	*					*			*	*				*					*		
	大滨菊 *Leucanthemum vulgare*	*					*				*				*				*		*	
	银叶菊 *Senecio cineraria*	*	*				*											*	*		*	
	荷兰菊 *Symphyotrichum novi-belgii*	*					*												*		*	
	芦竹 *Arundo donax*		*				*			*	*				*					*		
	花叶芦竹 *Arundo donax* 'Versicolor'		*				*			*	*				*				*	*		
	蒲苇 *Cortaderia selloana*	*	*				*				*	*	*		*				*			
	矮蒲苇 *Cortaderia selloana* 'Pumila'	*	*				*				*	*	*		*	*			*		*	
	狗牙根 *Cynodon dactylon*		*				*			*	*			*	*	*	*	*		*		
	杂交狗牙根 *Cynodon dactylon* × *Cynodon transvaalensis*		*				*			*	*					*				*		
	苇状羊茅（高羊茅）*Festuca arundinacea*		*				*		*		*							*			*	
	蓝羊茅 *Festuca glauca*		*				*		*	*	*		*			*		*	*		*	
	白茅 *Imperata cylindrica*	*					*										*		*			

习性	植物名	观赏特征					适生生境							适生绿化类型						产地		备注
		花	叶	果	姿态	枝干	喜光	喜阴	耐阴	耐淹	耐旱	喜酸	耐盐碱	道路	滨水	立体	防护	居住-单位	花境	本土	外来	
多年生草本	黑麦草 *Lolium perenne*		*				*			*	*		*	*	*			*		*	*	
	红毛草 *Melinis repens*	*					*				*							*	*		*	
	荻 *Miscanthus sacchariflorus*	*	*				*			*	*	*			*					*		
	芒 *Miscanthus sinensis*	*	*				*			*	*	*			*					*		
	细叶芒 *Miscanthus sinensis* 'Gracillimus'	*	*				*			*	*	*		*		*	*			*	*	
	斑叶芒 *Miscanthus sinensis* 'Zebrinus'	*	*				*			*	*	*								*	*	
	粉黛乱子草 *Muhlenbergia capillaris*	*					*							*		*					*	
	狼尾草 *Pennisetum alopecuroides*	*					*		*	*	*	*	*	*	*			*	*	*		
	东方狼尾草 *Pennisetum orientale*	*					*		*	*	*							*	*		*	
	紫叶绒毛狼尾草 *Pennisetum setaceum* 'Rubrum'	*	*				*			*	*							*	*		*	
	芦苇 *Phragmites australis*	*	*	*			*			*					*					*		
	细茎针茅 *Stipa tenuissima*		*				*		*		*			*		*		*	*		*	
	菰（茭白） *Zizania latifolia*		*				*			*					*					*		
	结缕草 *Zoysia japonica*		*				*			*	*	*	*	*				*		*		常绿
	金钱蒲（石菖蒲） *Acorus gramineus*		*						*	*					*				*	*		
	金叶石菖蒲 *Acorus gramineus* 'Ogan'		*						*	*					*				*	*		
	泽泻 *Alisma plantago-aquatica*	*					*			*					*					*		
	泽泻慈姑 *Sagittaria lancifolia*	*	*				*			*					*						*	
	慈姑 *Sagittaria trifolia*	*	*				*			*					*					*		
	黑藻 *Hydrilla verticillata*		*				*			*					*					*		
	苦草 *Vallisneria natans*		*				*			*					*					*		
	菹草 *Potamogeton crispus*		*				*			*					*					*		
	竹叶眼子菜 *Potamogeton wrightii*		*				*			*					*					*		
	水烛 *Typha angustifolia*	*	*	*			*			*					*					*		
	香蒲 *Typha orientalis*	*	*	*			*			*					*					*		
	金叶薹草 *Carex oshimensis* 'Evergold'		*						*					*		*		*	*		*	常绿
	旱伞草 *Cyperus involucratus*		*							*	*								*		*	
	纸莎草 *Cyperus papyrus*		*				*			*	*				*						*	
	水葱 *Schoenoplectus tabernaemontani*		*				*			*	*									*		

习性	植物名	观赏特征					适生生境							适生绿化类型						产地		备注
		花	叶	果	姿态	枝干	喜光	喜阴	耐阴	耐淹	耐旱	喜酸	耐盐碱	道路	滨水	立体	防护	居住-单位	花境	本土	外来	
多年生草本	紫露草 *Tradescantia ohiensis*	*						*											*		*	常绿
	紫鸭跖草（紫竹梅）*Tradescantia pallida*	*						*			*								*		*	常绿
	梭鱼草 *Pontederia cordata*	*					*			*					*						*	
	灯心草 *Juncus effusus*		*				*			*					*				*	*		
	大花葱 *Allium giganteum*	*					*												*		*	常绿
	一叶兰 *Aspidistra elatior*		*						*									*	*		*	常绿
	红星朱蕉 *Cordyline australis* 'Red Star'		*							*									*		*	亚灌木 不耐寒
	银边山菅兰 *Dianella ensifolia* 'White Variegated'	*	*						*									*	*	*		全株有毒 不耐寒
	萱草 *Hemerocallis fulva*	*							*		*			*	*	*		*	*	*		花有毒
	黄花菜 *Hemerocallis citrina*	*							*		*							*	*	*		
	金娃娃萱草 *Hemerocallis* 'Stella de Oro'	*							*		*							*	*	*		
	玉簪 *Hosta plantaginea*	*							*					*	*			*	*			
	花叶玉簪 *Hosta undulata*	*	*						*					*	*			*	*	*		
	紫萼 *Hosta ventricosa*	*							*					*	*			*	*	*		
	火炬花 *Kniphofia hybrida*	*					*							*				*	*		*	
	矮小山麦冬 *Liriope minor*		*						*									*		*		常绿
	阔叶山麦冬 *Liriope muscari*	*	*						*								*	*		*		常绿
	金边阔叶山麦冬 *Liriope muscari* 'Variegata'	*	*						*								*	*		*		常绿
	山麦冬 *Liriope spicata*		*						*		*		*	*	*	*	*	*		*		常绿
	麦冬 *Ophiopogon japonicus*		*	*					*		*		*	*	*	*	*	*		*		常绿
	玉龙草 *Ophiopogon japonicus* 'Nanus'		*						*		*						*	*		*		常绿
	吉祥草 *Reineckia carnea*		*						*	*	*						*	*	*	*		常绿
	万年青 *Rohdea japonica*		*							*								*	*	*		常绿
	百子莲 *Agapanthus africanus*	*							*									*	*		*	
	忽地笑 *Lycoris aurea*	*							*									*	*	*		全株有毒
	长筒石蒜 *Lycoris longituba*	*							*									*	*	*		全株有毒
	石蒜 *Lycoris radiata*	*							*				*	*	*	*		*	*	*		全株有毒
	换锦花 *Lycoris sprengeri*	*							*									*	*	*		全株有毒
	稻草石蒜 *Lycoris straminea*	*							*									*	*	*		全株有毒

苏州市城市绿化适生植物应用

习性	植物名	观赏特征					适生生境							适生绿化类型						产地		备注
		花	叶	果	姿态	枝干	喜光	喜阴	耐阴	耐淹	耐旱	喜酸	耐盐碱	道路	滨水	立体	防护	居住·单位	花境	本土	外来	
多年生草本	玫瑰石蒜 *Lycoris × rosea*	*						*										*	*	*		全株有毒
	黄水仙 *Narcissus pseudonarcissus*	*					*		*		*	*							*		*	全株有毒
	紫娇花 *Tulbaghia violacea*	*					*					*			*			*	*		*	
	葱兰 *Zephyranthes candida*	*					*		*						*			*	*		*	
	韭莲 *Zephyranthes grandiflora*	*					*		*						*			*	*		*	
	射干 *Belamcanda chinensis*	*					*											*	*	*		
	雄黄兰（火星花） *Crocosmia × crocosmiiflora*	*					*											*	*		*	
	玉蝉花 *Iris ensata*	*					*			*	*	*			*				*		*	全株有毒
	花菖蒲 *Iris ensata* var. *hortensis*	*					*			*	*	*			*						*	全株有毒
	蝴蝶花（日本鸢尾） *Iris japonica*	*						*				*		*				*	*	*		全株有毒
	马蔺 *Iris lactea*	*					*			*	*	*	*					*	*	*		全株有毒
	黄菖蒲 *Iris pseudacorus*	*					*			*	*	*									*	全株有毒
	鸢尾 *Iris tectorum*	*					*			*	*	*	*					*	*	*		全株有毒
	常绿鸢尾 *Iris* 'Louisiana'	*					*			*	*	*			*						*	全株有毒
	庭菖蒲 *Sisyrinchium rosulatum*	*							*									*	*		*	
	芭蕉 *Musa basjoo*	*	*	*				*										*		*	*	
	美人蕉 *Canna indica*	*					*			*	*	*		*	*			*			*	
	水生美人蕉（粉美人蕉） *Canna glauca*	*					*								*			*			*	
	大花美人蕉 *Canna × generalis*	*					*			*	*			*	*			*	*	*	*	
	金脉美人蕉 *Canna × generalis* 'Striata'	*	*				*			*	*			*				*	*	*	*	
	再力花 *Thalia dealbata*	*					*				*				*						*	
	白及 *Bletilla striata*	*	*					*										*	*	*		
草质藤本	何首乌 *Fallopia multiflora*	*	*				*		*							*				*		
	金叶番薯 *Ipomoea batatas* 'Margarita'		*				*				*								*		*	不耐寒
常绿藤本	千叶兰（铁线兰） *Muehlenbeckia complexa*		*						*							*		*			*	
	薜荔 *Ficus pumila*		*	*					*		*			*	*	*				*		
	网络崖豆藤 *Callerya reticulata*	*					*		*							*				*		果和根有毒
	常春油麻藤 *Mucuna sempervirens*	*					*		*							*					*	果荚致敏
	扶芳藤 *Euonymus fortunei*		*	*					*		*		*		*	*	*			*		全株有微毒

习性	植物名	观赏特征					适生生境							适生绿化类型						产地		备注
		花	叶	果	姿态	枝干	喜光	喜阴	耐阴	耐淹	耐旱	喜酸	耐盐碱	道路	滨水	立体	防护	居住-单位	花境	本土	外来	
常绿藤本	洋常春藤 *Hedera helix*		*				*		*							*	*			*	*	全株有毒
	常春藤 *Hedera nepalensis* var. *sinensis*		*				*		*	*	*		*			*	*	*		*		全株有毒
	络石 *Trachelospermum jasminoides*	*	*						*		*			*	*	*	*			*		
	花叶络石 *Trachelospermum jasminoides* 'Variegatum'		*						*		*			*		*			*	*		
	蔓长春花 *Vinca major*	*	*						*		*			*	*						*	全株有毒
	花叶蔓长春花 *Vinca major* 'Variegata'	*	*						*		*			*		*			*		*	全株有毒
	忍冬（金银花） *Lonicera japonica*	*					*		*		*				*	*				*		半常绿
	京红久忍冬 *Lonicera × heckrottii*	*					*		*							*				*		
落叶藤本	木通 *Akebia quinata*	*					*		*			*				*				*		
	木香花 *Rosa banksiae*	*					*				*	*		*		*				*		
	黄木香 *Rosa banksiae* 'Lutea'	*					*				*	*				*				*		
	野蔷薇 *Rosa multiflora*	*							*		*					*				*		
	七姊妹 *Rosa multiflora* var. *carnea*	*							*		*					*				*		
	粉叶羊蹄甲 *Cheniella glauca*	*					*		*		*					*					*	
	紫藤 *Wisteria sinensis*	*	*				*		*			*				*				*		果有毒
	白花紫藤 *Wisteria sinensis* f. *alba*	*	*				*		*			*				*				*		果有毒
	五叶地锦 *Parthenocissus quinquefolia*		*				*		*		*	*		*	*	*				*	*	
	爬山虎（地锦） *Parthenocissus tricuspidata*		*				*		*							*	*			*		
	葡萄 *Vitis vinifera*	*					*					*				*				*		
	凌霄 *Campsis grandiflora*	*					*		*		*	*				*	*			*		
	厚萼凌霄（美国凌霄） *Campsis radicans*	*					*		*	*	*		*			*	*			*	*	

主要参考文献

1. 陈有民主编，2011. 园林树木学（第 2 版）[M]. 北京：中国林业出版社 .

2. 顾颖振，夏宜平，2006. 园林花境的历史沿革分析与应用研究借鉴 [J]. 中国园林，（9）：45-49.

3. 郝日明，2009. 植物群落学方法用于城市绿地分析值得注意的几个问题 [C]// 张青萍 . 陈植造园思想国际研讨会暨园林规划设计理论与实践博士生论坛论文集 . 北京：中国林业出版社：305-307.

4. 江苏省住房和城乡建设厅，江苏省市场监督管理局，2021. 江苏省地方标准·城市居住区和单位绿化标准 DB32/T 4174—2021[S].

5. 江苏省住房和城乡建设厅，江苏省中国科学院植物研究所，2020. 江苏省城市园林绿化适生植物应用 [M]. 南京：江苏凤凰科学技术出版社 .

6. 骆文坚，周志春，冯建民，2006. 浙江省优良生物防火树种的选择和应用 [J]. 浙江林业科技，（3）：54-58.

7. 刘启新主编，2013-2015. 江苏植物志，Vol. 1-5 [M]. 南京：江苏凤凰科学技术出版社 .

8. 苏雪痕主编，2012. 植物景观规划设计 [M]. 北京：中国林业出版社 .

9. 吴征镒，周浙昆，孙航等，2006. 种子植物分布区类型及其起源和分化 [M]. 昆明：云南科技出版社 .

10. 张雪华，2016. 江苏省苏南长三角平原、丘陵城镇区（D 区）树种规划初步研究 [D]. 南京：南京农业大学 .

11. 中华人民共和国住房和城乡建设部，中华人民共和国国家质量监督检验检疫总局，2023. 城市道路绿化设计标准 CJJ/T75-2023[S].

12.《中国植物志》线上版 (http://www.iplant.cn/frps).

中文名索引

中文名索引

中文名索引

拉丁名索引

拉丁名索引

拉丁名索引

拉丁名索引

X